分子間力物語

バウンダリー叢書

岡村和夫

分子間力物語

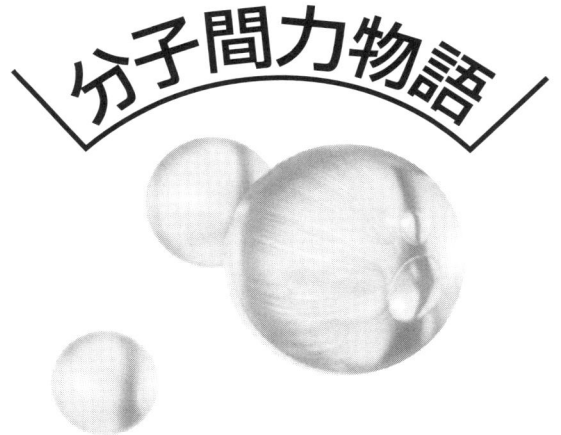

海鳴社

はじめに

　本書は現在の日本の理工系の状況を少しでも変えたいと思う人々の応援によって出来上がりました．日本では理系離れが進行しているといわれ，そのうちに国内での技術者の空洞化が生まれると危惧されています．これには様々な原因があると思いますが，理系の学問がかつてのように魅力的にみえないことが一因かもしれません．マスコミが取り上げる人物も経済人が中心です．この状況を変えるためには関わってきた人が努力することが必要だと思います．書物のよいところは世代を超えてその情報を伝えることができること，また何度も繰り返し読むことができることにあります．したがってこのような理工系の活性化という目的に合っていると思います．

　本書の題材は分子どうしに働く弱い作用です．この問題に惹かれたきっかけは生体防御機構において重要な役目をする抗体という生体高分子の研究でした．抗体の反応は自己にはない様々な種類の高分子（抗原）を見分けて分子複合体を形成することから始まります．分子が分子を認識するという現象です．興味をもって調べていくうちにこれは「分子間力」の問題であることに気がつきました．この言葉自体は耳慣れないのですが，われわれの日々の生活と密接に関わっているうえに，様々な業種への応用が期待できます．それらのことをわかりやすく説明するために解明

の歴史を要約したのが本文です．

　読者として中高校生を対象にしましたが，一般の方にも読んでいただければ望外の幸せです．本文中に出てくる数式はその場で解説し，他の本を参照することなく読めるように工夫しました．付録はより専門的になっていますが省略されても理解に影響することはありません．

　最後にこの場をお借りして執筆の機会をお与え下さり，また，仕事の遅い私を伴走に近い形で励ましていただいた芝浦工業大学の村上雅人先生に深く感謝します．

2009 年　夏

著者

目次

はじめに・・・・・・・・・・・・・・・5

第1章 序論・・・・・・・・・・・・・9
 1.1. 表面張力 9
 1.2. 特効薬 14

第2章 毛管現象と表面張力・・・・・・・22
 2.1. ニュートンの時代 22
 2.2. クレローとボスコヴィッチの時代 27
 2.3. ヤングによる表面張力の定式化 34
 2.4. ラプラスによる毛細管現象の定式化 45

第3章 気体の状態方程式からファン・デル・
    ワールスの状態方程式へ・・ 49
 3.1. ボイル・シャルルの法則 49
 3.2. ベルヌーイによる定式化 56
 3.3. ファン・デル・ワールスの状態方程式 64

第4章 分子間力の種・・・・・・・・・・74
 4.1. 分子間力,その起源 74
 4.2. クーロンの法則 78
 4.3. 分子間力と距離 81
 4.4. 分子間力を便宜的に分けてみる 82
 4.5. 電荷の配置による分類 86

4.5.1. 電荷を固定した場合　86
　4.5.2. 誘導される電荷の場合　87
　4.5.3. ロンドンの分散力　88
　4.5.4. 表にまとめれば　90
　4.5.5. ファン・デル・ワールス力に注目して　91
4.6. 分子間力の大きさ　92

第5章　分子認識化学へ　95

5.1. 生体にとって重要な分子間力　96
5.2. 遺伝の機構　100
5.3. 免疫系　105
5.4. 脳神経系　105
5.5. 感覚系　113
　5.5.1. 味覚　113
　5.5.2. 嗅覚　117
5.6. 酵素反応　121
5.7. なぜ砂糖は甘いのだろうか　123

付録　131

付録A　ファン・デル・ワールスの式の
　　　　ビリアル展開と係数 a,b を求める　132
付録B　ファン・デル・ワールスの
　　　　ビリアル展開式の分子間力を求める　137
付録C　ファン・デル・ワールスの式から
　　　　臨界温度を求める　154

索引　159

第 1 章 序論

1.1. 表面張力

　本書でとりあげる話題は分子間力という言葉でつながっている．ほとんど聞いたこともなく，なにも脈絡のない話の羅列のように感じられるかもしれない．ところが，この分子間力は自然界を地下水脈のようにあまねく行き渡っており，時折，日常に顔を出してくる．

　分子間に力が働いているらしいと気づいたのは日常的に慣れ親しんだ光景がきっかけであった．では，いつも見ていることについて質問をしてみよう．

　質問 1：雨上がりの朝，通学・通勤路でみかける蓮や里芋の葉っぱの上に乗っている水滴は美しい．その水滴の形は球形である．ところでその形は立方体や正四面体ではいけないのであろうか？

　普段はこのようなばかげたことを考えないであろう．「あたりまえ」といってしまえばそれまでであるが，本当にこれは当たり前なのだろうか？

　質問 2：いつも台所でみかける光景であるが，コップに慎重に水を注いでいくと最後に淵が盛り上がるまで水を入れることが

できる．しかも水面は水平よりも盛り上がっている．どうしてこのようなことが可能なのだろうか？

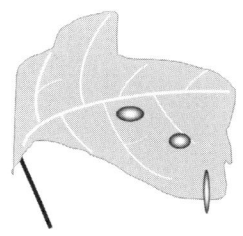

　以上のような疑問を誰しも一度は感じたことがあると思う．答えを先に言うとこれは表面張力に関係した現象である．水の表面には張力があるために水滴は表面積が最小になるような形をとる．これと同じ性質からよく観察される光景に水槽に細長いガラス管を入れると水が管のなかを自然に上昇していく毛管（毛細管）現象がある．

　では表面張力はなぜ生じるのであろうか？　表面張力の発生する要因を突き止めてみれば，「コップのなかの水の性質はどこでもすべていっしょなのだろうか？」という疑問として置き換えることができる．この解答は「存在している場所により同じ水でも物理的性質が違う」ということになる．これが表面張力の原因である．

　コップのなかの水はたしかに全て H_2O として化学式が記述できる単一の物質である．しかしコップの中に位置する水と表面にあらわれている水とは性質が異なっている．では中の水と表面の水との違いはどこからくるのであろうか．これは水の分子どうしに引き合う力が働いているので表面と中の水分子では物理的性質に差異が生じるのが原因である．本文で詳しく説明するが，エ

ッセンスは次のようになる.

「表面に住んでいる水はさびしい」

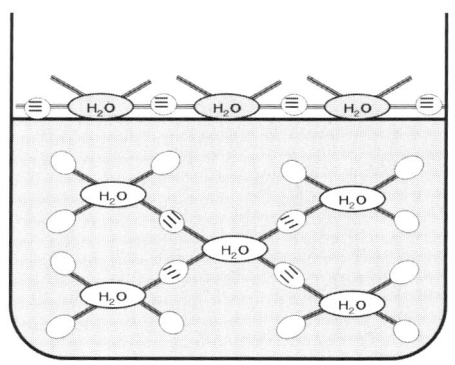

　図のように水分子は離れた分子とおたがいに手を握り合う能力がある（難しい言葉では「分子間力」と呼ばれている）．ところがこの握手できる力は相手の水分子がまわりになければ発揮できない．つまり表面では握り合える手が余ってしまう．これがエネルギー（難しい言葉ではポテンシャル）となり表面に分布する．これを表面（界面）エネルギーと呼ぶ．したがって表面の水は中にある水よりエネルギーが高くなる．表面の水分子は半分ほど手が余っているので相手をさがそうとする．みつからない場合は相手を求めて内向きに移動する傾向が現れる．つまり，水はつねに収縮しようとするので同じ体積において最も表面積の小さい球形になる.

　余っている表面エネルギーは張力としてあらわれる．つまり表面と中では同じ水でも性質が異なるのである．毛管現象もこのエ

ネルギーの概念によって，またはこの握手する能力のある手＝界面エネルギーによって説明できる．次に示す図のようにガラスと接している水は表面においてガラスに接するように三日月の形で少し水が上昇する．これもよく見る光景である．

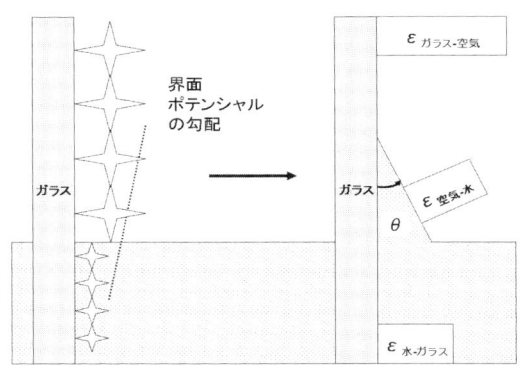

もっと詳しくみてみよう．図のようにガラスの壁を登っていくようにみえる水の場合について考える．表面で余っているといっても実際は空気がある．したがって余っている手の界面エネルギーは余っている手から空気との親和力（相互作用をするエネルギー）を引いた分になる．これを ε（イプシロン）と書いて

$$\varepsilon_{\text{ガラス}-\text{空気}}$$

とする．同様にガラスと水の界面エネルギーを

$$\varepsilon_{\text{水}-\text{ガラス}}$$

第1章 序論

と書く．両者の大きさは，ガラス分子，空気に含まれる分子，水分子の，それぞれの物質の性質によって決まる．従って接する物質が違えば大きさが違ってくる．ガラスと水の親和性（分子間どうしが引き合う力）はガラスと空気との親和性より大きい．よって余っているエネルギー＝界面エネルギーは

$$\varepsilon_{ガラス-空気} \ > \ \varepsilon_{水-ガラス}$$

の関係にある．自然はこのようなときにどのように対応するのだろうか．実は自然はこのエネルギーを平均化するように対応する．

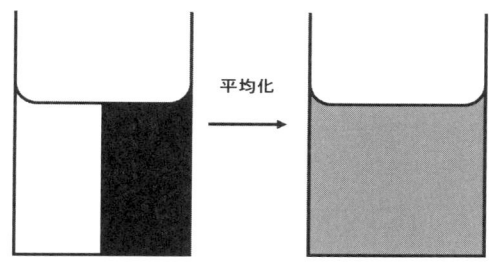

これは普段，われわれが経験していることである．図のように冷たい水と熱いお湯を接したらどうなるか？　温度は平均化される．難しいことばでは熱力学第2法則という．

いまここではガラス－空気，水－空気の大きな余分エネルギーと小さい余分エネルギーが接している．このとき自然はこの差をなくすように働き水がガラス壁面を上昇することで平均化することになり，なにも力のないところを水が登っているようにみえる．三日月の部分は「無から有が生じた」ようにみえるのだが，実はここに関係している3種類の物質どうしの引き合う力によっ

て説明できるのである.

この現象はたとえばガラスの質量を増しても三日月の部分に変化がないことからお互いの質量に比例する影響ではないことがわかる.つまり重力では説明できない現象である.

結局,ガラス－空気,水－ガラスの界面エネルギーの収支の余分エネルギーが図の三日月の部分を生み出すことになる.エネルギーとして,三日月部に水とガラスの接触角をθとすれば,このつりあいは横方向で

$$\varepsilon_{ガラス-空気} = \varepsilon_{水-ガラス} + \varepsilon_{空気-水} \cdot \cos\theta$$

という関係が成り立つ.後ほど,もう一度説明するが,この式は200年前の1805年に物理学・生理学・医学者のヤング(Thomas Young, 1773-1829)が表面張力について説明した内容と同じである.接触角θを導入したのはヤングであり,式の導出は後生の研究者が行った.

このように日常におきているマクロ(巨視的)な現象が目に見えないミクロ(微視的)の世界で説明ができる.図のようにガラスと空気の親和力,空気と水,水とガラスの親和力を想定すれば説明可能である.これは分子レベルの論理によって,体感できる事実が説明できる珍しい例である.まさに「ユーレカ(わかったぞ)!」という爽快な気持ちになる.ここで話題を変えて薬の話をしよう.

1.2. 特効薬

病気にかかったことのないひとはいないだろう.毎年のようにインフルエンザや花粉症に悩まされるひともいる.日本人の代表

的な死因になっている癌にも特効薬はない．近親者に癌患者のいる方は早く癌の特効薬を発明して欲しいと願っていると思う．

では，特効薬を開発するにはどうすればよいのだろうか？

開発のセオリーはひとつではないが，有力な開発方法のひとつに「選択的毒性」をもつ薬の開発がある．つまり癌細胞はやっつけるが，正常の細胞には危害を加えない薬である．実際にはこれはとても難しい．癌細胞はもともと正常細胞から分裂して異常な細胞に変わったものである．遺伝的なプログラムが少し変わっただけなので正常細胞と見分けがつかない．現在，この細胞表面に正常細胞とは異なるものが分布していることがだんだんわかってきて，診断や薬のターゲットとして応用され始めている．抗体という特定の分子に結合する能力のある高分子が細胞表面にある癌に特徴的な分子をターゲットとして診断に用いられる．あるいは分子と会合して癌細胞ごと破壊していくのである．残念ながらこのような薬は開発が始まったばかりなので全体的にみればほんのわずかしかない．

コラム：インフルエンザの特効薬がなかった理由

なぜインフルエンザには特効薬ができにくいのだろうか？インフルエンザはウイルスと呼ばれる生物と無生物の中間のものである．ウイルスのような外部からの侵入者にたいして生体は防御機構を働かせる．生体内には「免疫」という機構があり異物である細菌やウイルスを特異的にやっつける．侵入者と結合して相手を分解してしまう．これが「抗体」や「免疫細胞」の役割である．自分とは異なる分子を見つけ出して集中的に攻撃する．ではなぜインフルエンザには薬が効きにくいのであろうか？　それはインフルエンザが流行のたびに自分の分子を変えていくか

らである．いったん結合できる分子ができても次に感染したときには相手のウイルスのほうが構造を変化させており，人間の体内に準備した抗体という分子は全く役に立たないからである．エイズウイルスも同じように構造を次々と変えていく．

　このような感染症では分子を標的にして特効薬を開発することが困難であることがわかっている．そこで，最近の開発は酵素の阻害剤というもうひとつの特効薬開発のセオリーに従ったものが出始めている．インフルエンザは表面にノイラミニダーゼという酵素をもっており，これはウイルスの活動に必須の酵素である．他の細胞に侵入する際に表面の糖鎖をこれで分解して入る．この酵素活性を阻害すればインフルエンザの感染・増殖を止められる．つまり酵素の阻害剤が薬になるのである．

　特効薬を開発するにはどのような方法があるのだろうか？もうおわかりだろうが，酵素阻害剤を含めて，自分の組織にはないか，あるいは少ない分子をみつけて（認識して），標的分子や細胞のその周辺を破壊する化合物であれば特効薬になる可能性がある．

　このことは生命の活動が遺伝子の複製，酵素反応，抗原抗体反応などに支えられており，そのいずれもが分子どうしの相互作用によって成り立っていることを考えれば，必然的に出てくる開発の戦略である．生化学や分子生物学の説明では，この分子特異性に「鍵と鍵穴（錠前）」の比喩がよく使われる．様々な教科書に載っているが，これは100年以上も前に有機化学者のフィッシャー(Emil Fischer, 1852-1919) が使った．この比喩はわかりやすいが少し物足りない説明である．酵素や抗体の説明において，作用す

第1章 序論

る相手の「基質」「抗原」との特異性を説明するために使われる．「鍵と鍵穴（錠前）」の比喩をもう少し具体的な形にすれば，これは分子が作用する相手の分子を認識するということであり，その分子の間に「分子間力」という力が働くことがわかる．

この問題を興味もって調べていくと，かなり古くからあることがわかる．その代表が表面張力である．生命科学における分子間に働く力が古くからあった表面張力や毛細管現象の問題と少し違うのは「特異性」という性質が前面にでる点である．生体内の分子種はヒト遺伝子の数だけでも数万種類あり，さらに多数となる組み合わせのなかで，「分子特異性」という性質を有し分子間の親和力による分子の会合が生じる．古典的な表面張力の問題では，とり扱う物質は水，ガラス，空気の3種類であり，水銀をいれても4種類である．生体内で分子を認識するということは特定の分子どうしのペアに特有の幾何的配置があり様々な引力がはたらくということである．つまり多種多様な構造をもつ分子からペアになる相手を見つけることなのだ．

特異性あるいは選択性と呼ばれる選択的毒性という考え方は現代の医薬品開発における大きな柱である．これを系統的に実験した最初の研究者はエールリヒ(Paul Ehrlich, 1854-1915)というドイツの医学者である．彼はノーベル賞を1908年に受賞しているが，その後も業績をあげた科学者として有名である．エールリヒは20代の頃から細胞の染色の研究をしていた．実は現在でも組織病理学において使われているが，人体にある種々の細胞は色素の性質によって染められるものが異なっている．色素は水のなかで遊離基が分離し，この遊離基は酸性と塩基性（アルカリ性）に分類される．エールリヒは血液を流れる白血球細胞を観察して

① 塩基性色素に染まる好塩基球細胞
② 酸性の色素に染まる好酸球細胞
③ 両者にほどほどに染まる好中球細胞

を見つけ出した．これらは細胞の役割が同じであればたいした発見ではなかったのであるが，免疫学のその後の発展に伴い，細胞の役割が異なっており，この差が重要であることがわかってきた．したがって，この研究の重要性はますます高くなっている．好中球はアメーバーのように異物を細胞に取り込んで体を守っている．好酸球は寄生虫から体をまもる．また好塩基球の機能はまだよくわかっていないが，破壊されるとアレルギーの原因となる．この初期の研究で明らかとなった細胞表面への特異的親和性のある色素の発見はエールリヒの生涯を貫くテーマとなった．たとえばこの時点で彼は抗原抗体反応について側鎖説を提案してタンパク質どうしの特異的親和性であることを予測した．サルバルサン 606 号の開発は特異的結合という概念から生まれた薬であった．エールリヒは人の細胞には吸着しにくいが，しかし梅毒の原因となるスピロヘータにはよく結合してその活動を封じ込める物質があるはずだと考えた．有機ヒ素酸化合物のサルバルサンがなんとかこの条件を満たした．606 という数字はそこにたどり着くまで 606 の化合物を試したということを示している．多くの種類の化合物を化学会社が合成することはたいへんな作業であり，またその化合物を使って感染に及ぼす効果を確かめる実験もたいへんな作業になる．これは気の遠くなるような仕事である．日本人の研究者の秦佐八郎もこれに参加した．実際にはサルバルサン 606 号はさらによい特効薬のペニシリンが 1944 年に世の中に出たので薬としての寿命はあまり長くはなかったが，このエール

第 1 章　序論

リヒの薬の開発方法は現代でも柱となる「選択的毒性」という考え方で受け継がれた．

　サルバルサンは人と梅毒菌の表面を区別（ある程度ですが）できるので梅毒に毒性が高く効果があった．この特異的結合は何に由来しているのだろうか？　たとえば細胞表面に分布するタンパク質は 20 種類のアミノ酸からできた高分子である．アミノ酸が鎖のようにつながり最終的に立体構造を形成している．タンパク質のひとつひとつの種類によって立体構造が異なる．つまりこの立体構造の違いが特異性を生み出している．立体構造が違えば相手との距離，表面の性質，相互作用などが異なる．つまり酵素反応の基質特異性，抗体の抗原特異性，医薬品の作用の選択性などはすべて立体として相手と引き合う力に依存してくる．このみなもととなるのが本書のテーマである分子間力である．

　このように，生命科学における分子どうしの相互作用は重要な問題である．最近も，DNA 二重らせん構造の発見者であるワトソン(James D. Watson, 1928-)は自著においてこう述べている．

　　マイコプラズマの 500 種類のタンパク質でさえ，細胞中の存在量はばらばらで，全体として非常に複雑な生命システムを作り上げている．主演級が 4, 5 人も出てくる映画では筋を追うのがひと苦労の私にとっては，生きた細胞中で活動している役者同士の相互作用などざっとえがきだすだけでも気が遠くなりそうな大仕事に思える．それというのも生きた細胞というものは，整然と動く小さな機械などではなく，むしろシドニー・ブレンナーの言うように，「分子がヘビのようにのたくる洞穴」だからだ．

（引用文献）
- ジェームズ・D・ワトソン，アンドリュー・ベリー共著，青木薫訳，『DNA（上）（下）』講談社ブルーバックス (2005) の下巻 p.37 より

注）マイコプラズマ

マイコプラズマはウシの肺疫の病原菌として発見され，その後次々に同様な生物の存在があきらかになった．細菌界に属するが，一般のバクテリアと違い細胞壁を持たず遺伝子サイズも小さい．ウイルスより大きいが一般細菌より小さく一般細菌とは別のクラスに分類される．約6億年前にグラム（＋）細菌からペプチドグリカンの細胞壁が脱落したと考えられ，他の生物に寄生あるいは腐敗物に寄生して生活する．*Mycoplasma pneumonia* は近年のマイコプラズマ肺炎の流行の原因である．

　社会が個人個人のコミュニケーションによって成り立っているように，生物としての個体も臓器と臓器，細胞と細胞，分子と分子の相互作用によって成り立っているとみなせる．ワトソン自身はヒトの遺伝子全解明という気の遠くなるような仕事を始めて達成したことでも有名である．ワトソンの言葉のとおり気の遠くなるような仕事であるが，この過程においていままで難病とされてきた疾患の原因がわかりその治療法が確立されることも期待できる．

　表面張力と特効薬の開発とは全く異なるテーマにみえるが，分子どうしの相互作用という観点ではリンクしている．本当に意外な分野に出没してくるのである．では，分子間どうしに力が働いているという発想はどのあたりに起源があるのだろうか．大きく後生の人々に影響を与えるかたちでとりあげた最初の人はニュートン(Issac Newton, 1643-1727)であった．ニュートンはどうして粒子と粒子の間に力が働いていると考察できたのだろう．次章で

はその辺りから探ってみよう.

(参考文献)
- 藤田恒夫,牛木辰男著,『細胞紳士録』岩波新書 (2004)
- 奥村剛訳,『ドゥジェンヌ・ブロシャール=ヴィアール・ケレ 表面張力の物理学』吉岡書店 (2003)
- A.アルバート著,秋野美樹.水谷純也訳,『選択毒性』学会出版センター (1999)

第2章 毛管現象と表面張力

2.1. ニュートンの時代

　毛細管現象または毛管現象は人が昔から日常で目にしてきた．毛細管の英語である capillary という単語はもともとラテン語の髪のことをあらわしており日本語で毛管あるいは毛細管と訳される．有名なレオナルド・ダ・ビンチ(Leonardo da Vinci, 1452-1519) も自分の著書にこの作用が植物にとって栄養を摂取するための原動であると記録したとされる．

　さて，毛管現象が物質どうしの相互作用すなわち分子間に働く力の結果であると考えた最初のひとではなかったが，この現象に鋭い考察をはじめて行ったのは，誰もが知っている有名な科学者のニュートンである．毛管現象になんらかの「力」が作用していると見通すことがのできたのは，ニュートンが天才的な洞察力の持ち主だったからであろう．ニュートンの時代には分子という概念はなかったので，分子間力は粒子間力と訳されるが，この粒子間力を現代の分子間力に置き換えても内容は変わらない．

コラム：ニュートンの運動方程式

　ニュートンの運動方程式は物体の運動の未来を予測できるものとして現代まで通用する．この運動方程式の発想はケプラー

第 2 章　毛管現象と表面張力

> (Johannes Kepler, 1571-1630)の第 3 法則にあったとされる．そのニュートンによる運動の 3 法則をまとめておくと
>
> ① 物体は力が作用しないときは等速直線運動になる
> ② 力は運動量の変化になる　$F = m\alpha$
> ③ すべての作用に対して大きさがおなじで向きが反対の反作用がある
>
> となる．この本においても理想気体の圧力計算のために法則②の $F = m\alpha$ を使用している．
>
> 　ニュートンの業績は，この運動方程式をはじめとして，重力の法則，光学の基礎，反射望遠鏡の発明，ニュートンリングなどあらゆる分野に及ぶ．また，ニュートンは人生の大半を錬金術に没頭した．晩年は造幣局の長官も務めた．薬の調合なども自分でおこなって生涯，化学・薬学の分野に興味を持ち続けた．あまりに熱中して水銀中毒になったという説もある．その内容の片鱗は『光学』に添付されている Query（疑問）から推測できる．

　ニュートンは著書『光学』において粒子間に働く作用として粒子間力を想定し，距離に依存して物体間では比較的離れたところで引力が，近距離では斥力が働くことを示した．これは当時一般に目にすることのできた重力現象や目に見える電磁気力現象とは少し異なる微粒子間に働く粒子間の力であるとしている．

『光学』における記述
　ニュートンは著書『光学』のなかで分子間力のことを「粒子間力」として次のように述べている．

Query 31（疑問 31）

物質の微小粒子にはある能力，効能，もしくは力がありそれによって，ある距離を隔てて光の射線に作用して，それを反射，屈折，回折させるばかりでなく，物質粒子同士も互いに作用し合って，自然現象の大部分を生じるのではないか．なぜなら，物質が重力，磁気および電気の引力によって互いに作用し合うことはよく知られているが，これらの例は自然の進路と過程を示しており，またこれら以外にもまだ引力が存在することも，ありえないことではないことを示しているからである．つまり，自然はきわめてよく自らに一致し，自らに倣うからである．これらの引力がどのようにはたらくかを，私はここでは考察しない．私が引力とよぶものは，衝撃もしくは私の知らない他の方法によって行われるのかもしれない．ここで私はただ，原因が何であれ，一般に物体を互いに近づける力を表すためにこの言葉を用いる．

（引用文献）
■　ニュートン著，島尾永康訳，『光学』岩波文庫 (1983)

ニュートンは重力とは異なる力が粒子間に働いていなければならないと結論していたようだ．しかも自然現象の大部分がこのために起こるとしている．

引力について

いま，あたりまえのように思われている重力も実はニュートンが説明をつけるまで人々の思考にくっきり現れることはなかった．どうしてニュートンは物質どうしに相互作用があると気づいたのであろうか．

第2章　毛管現象と表面張力

　まず，排気した気圧計のなかの水銀柱が大気圧以上に上昇する場合，空気の混入によって切れ目ができると水銀注の高さの低下がみられる．これは水銀どうしにまたは管壁と水銀に凝集する力があり空気の混入がこれを妨げるからだとしている．またホークスビー(Hauksbee, 1666-1713)が行った近接した2枚の平板間を上昇する水の実験について，ニュートンは高さが平板間の距離に逆比例している関係を導いた．さらに毛細管を上昇する水の高さは管の厚さ（質量）を変化させても変わらない実験報告をホークスビーは提出した．このような事実からニュートンは重力とは異なる粒子間の引力を推論した．

斥力について

　ニュートンはある程度の距離では引力，さらに物質が近づくと反発力（斥力）が働くことを推測している．これはボイル(Robert Boyle, 1627-1691)の気体に関する法則から類推できる．

　ボイルの法則は後の章にて出てくるが，簡単に述べれば気体を圧縮すれば圧力が増加するという法則になる．つまり粒子どうしが近距離にて反発力が働いていなければ，粒子を成分とした気体には圧力は生じないことがわかる．一般の物質はそれ自身が堅いものからできており，お互いは接近しても融合できず反発することを述べている．気体分子（粒子）がニュートンの法則にしたがって運動している場合，近い距離では弾性衝突になることから結論したようだ．分子どうしが衝突によって融合するのであれば分子運動による圧力は生じない．

原因について

　さらに『光学』の記述においてこの粒子間力の原因をたぶんみ

えない程の近距離にて働く電気力の一種と結論している．これを仮定することで様々な自然現象が納得できるとした．これは 300 年前の話である．有名な重力の発見のほかに，このような分野においても本質的な記述がなされている．

　ニュートンはこのような理論的解析のみならず実験に於いてもスーパーな仕事をしている．『光学』の本文のなかで白色光は屈折率の異なる複合的なものであることをプリズムの実験を用いて示した．それらの光は7色の菫，藍，青，緑，黄，橙，赤と記述されている．実際にはニュートンは色と色の間に色が入っていて無数に色の存在を考えていたが，便宜的に7色としたのはド，レ，ミ，ファ，ソ，ラ，シ，ドの8音階（オクターブ）に対比させたことがこの本からわかる．7という数字にこだわっていたようである．また，「錬金術」と称された現代では化学の分野に相当する研究においても，その量と質が尋常ではないことがすぐにわかる．光学という本の後半の疑問（クエリー）ではさまざまな内容について考察したことがかかれており，後生の自然哲学者に影響を与えた．

コラム：ブルック・テイラーとテイラー展開

　ニュートンとライプニッツ (Gottfried Wilhelm Leibniz, 1646-1716) の間で微積分の先取権が争われたときに英国側の裁定役としてテイラー(テーラー) (Brook Taylor, 1685-1731)が雇われた．このひとは，いまでも学校で習うテイラー展開を発見した数学者である．このころの科学は自然哲学と呼ばれ，まだ分業化・専門化は進んでいなかった．テイラーは数学だけではなく様々な実験もおこない，磁力線や毛細管の実験，光学機器を使った実験

> をおこなった記録が残っている．テイラー展開の有用性は死後に認識された．
>
> テイラー展開とは関数を級数展開で近似する方法であり
>
> $$f(b) = f(a) + \frac{f'(a)}{1!}(b-a) + \frac{f''(a)}{2!}(b-a)^2 + \cdots + R_n$$
>
> となる．この本においても次の対数関数の $x=0$ における近似
>
> $$\ln(1+x) \approx x$$
>
> を（付録）において使用している．

2.2. クレローとボスコヴィッチの時代

ニュートンの影響は大きく，時代はまだ科学という言葉が生まれておらず，自然哲学とされていた頃のはなしである．ニュートンの『光学』の Query 31 はむしろ他の部分よりも内容のもつ豊富さによって多くの自然哲学者の関心を呼んだ．そのなかで，ニュートンの業績に触発されて分子間力を推理した自然哲学者たちが現れ始めた．その代表が 18 世紀を生きたフランスの数学者のクレロー(Alexis C. Clairaut, 1713-1765)であり，クロアチア生まれの自然哲学者でイエズス会士であったボスコヴィッチ(Ruggiero G. Boscovich, 1711-1787)である．

クレロー

今日，クレローは微分方程式の研究で有名な数学者であるが，他にハレー彗星の軌道を計算したことでも有名である．クレローは毛管現象を観察することで，ニュートンの洞察をさらに進めて，

これが重力では説明できないこと，そして毛細管を昇る水の高さ h が管の半径 r に反比例することを定式化した．

詳しくはラプラスのページでもう一度出てくるが，クレローは毛細管におけるつりあいの式を導くことで管内の水柱の高さ h と半径 r の関係を求めた．毛細管の水柱をガラスと接触する三日月部分を省略して図示すれば図 2-1 のようになる．

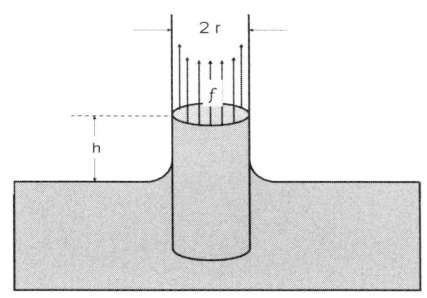

図 2-1　毛細管の水柱の略図

毛細管内の水柱のガラス管に対する張力を f (N/m) とすると張力は円周にかかるので，全体の力は円周をかけて

$$2\pi r \times f$$

これは毛細管内にて上昇した水分とつりあっているので，この分は管の面積と水の高さ h をかけた体積に比重 ρ をかけることでえられる質量にさらに重力加速度 g をかけた量であり，上昇した水の力はニュートンの第 2 法則 $F = m\alpha$ を用いて

$$F_{water} = Mg = \pi r^2 h \rho \cdot g$$

第 2 章　毛管現象と表面張力

いま毛管を上昇した水と張力がつりあいの状態にあるので

$$F_{water} = (比例定数) \times 2\pi r \times f$$

$$\therefore \quad \pi r^2 h \rho g = (比例定数) \times 2\pi r f$$

両辺を πr^2 で割れば

$$h\rho g = (比例定数) \times 2f \cdot \left(\frac{1}{r}\right)$$

毛細管を用いた一連の実験として，径を様々に変えたガラス管を準備して上昇する水柱の高さを測る．張力 f は序論で述べたように水－空気，空気－ガラス，ガラス－水との親和力の差によって生じる力なので物質の組み合わせを変えない実験では一定となり，また密度 ρ，重力加速度 g も一連の実験では一定である．したがって

$$h = (比例定数) \times \frac{2f}{\rho g} \times \left(\frac{1}{r}\right)$$

から

$$\therefore \quad h \propto \left(\frac{1}{r}\right)$$

これから毛細管の水柱の高さ h が半径 r に反比例することがわかる．

コラム：クレローの微分方程式

　微分方程式は理工系の研究において現象の原因の究明や将来の予測などにしばしば用いられる．これらの微分方程式のなかで1回の微分を含む微分方程式を1階の微分方程式とよび，解けることがわかっている．解法として変数分離法，定数変化法，完全

微分への帰着などが知られているが，クレローが研究した微分方程式の解法は変わっている．クレローの微分方程式とは

$$y' = xy' + f(y')$$

の形をしたもので，これは次のようにして解ける．

【例題】
$$y = xy' - (y')^2$$

を解いてみる．両辺を微分すれば

$$y' = y' + xy'' - 2y'y''$$
$$0 = xy'' - 2y'y''$$

$$\therefore \quad y''(x - 2y') = 0$$

これから

$$y'' = 0 \quad \text{または} \quad y' = \frac{x}{2}$$

をえる．これらは微分して得た結果なので必要条件になる．必要十分条件としては最初の方程式をも満たす解を求めればよい．したがって解の方程式は

$$y'' = 0 \quad \text{かつ} \quad y = xy' - (y')^2$$

または

$$y' = \frac{x}{2} \quad \text{かつ} \quad y = xy' - (y')^2$$

前者の連立方程式から，積分定数を c_1, c_2 とすることで

$$y = c_1 x + c_2 \quad \text{かつ} \quad c_1 x + c_2 = c_1 x - (c_1)^2$$

すなわち

$$y = c_1 x - c_1{}^2$$

をえる．こちらは積分定数が微分の回数（ここでは2回）に応じているので一般解である．一方これとは別に後者の連立方程式から

$$y = \frac{x^2}{4} + c_3 \quad \text{かつ} \quad \frac{x^2}{4} + c_3 = \frac{x^2}{2} - \left(\frac{x}{4}\right)^2$$

すなわち $c_3 = 0$ となり

$$y = \frac{x^2}{4}$$

がえられる．これは一般解からはえられないので特異解と呼ばれ，一般解の線分によって包み込まれる線分を表している．

ボスコヴィッチ

クレローと同時代の自然哲学者であり，しかもイエズス会の司祭でもあったボスコヴィッチは様々な現象を説明するためには物質どうしの相互の活力(Mutual active force)が必要であるとしている．司祭にして科学者というのはビッグ・バン理論のルメートル(George Lemitre, 1911-1973)を彷彿させるが，当時の科学はまだ自然哲学と呼ばれ専門の科学者は存在していなかった．さて，ボスコヴィッチはなぜ分子間に力が存在するとしたのであろうか．

ボスコヴィッチはニュートンの仕事の影響をうけて毛細管において水の上昇が管の質量によらないことから，これは重力による力ではないことを議論した．もし重力であれば管の上昇は管の厚さに依存しなくてはならないからである．またボスコヴィッチ

が粒子間の距離と相互作用の幾何的構造を図解したことはよく知られており，それは図 2-2 のようなものであった．ボスコヴィッチが相互の活力(Mutual active force)と表現したものの距離依存性である．明らかになった現代のものを第 4 章にて示すが，比較すればかなり複雑なものを提唱している．ボスコヴィッチは粒子間の引力は遠ざかるにつれて減少してゆき，斥力は近づくと増大すると考えた．その間を引力と斥力が複雑に振動するようなパターンを想定した．

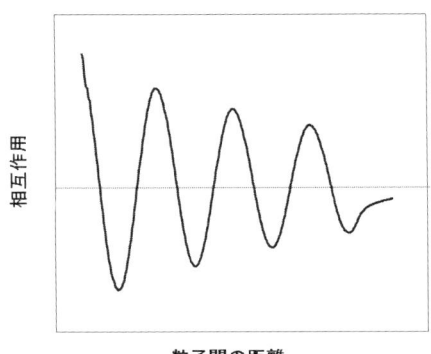

図 2-2 ボスコヴィッチが考えた粒子間の距離と相互の活力の関係．＋方向が斥力，－方向が引力，をあらわす．

このように毛細管現象，表面張力が液体とガラス，ガラスと空気，空気と液体など，物質間の親和力が異なるために生じると定性的に示唆したのはニュートンを代表とする自然哲学者たちであった．これをさらに定式化し定量化したのは 18-19 世紀の 2 人の偉大な科学者であるヤング(Thomas Young, 1773-1829)とラプラス(Pierre S. M. Laplace, 1749-1827) であった．

第 2 章　毛管現象と表面張力

コラム：トーマス・ヤングとヒエログリフ

　トーマス・ヤングは外科医を本業としたが，彼の業績は生理学・生物学・物理学におよんでおり，また語学の天才でもあった．2歳から本を読み，14歳で12ヶ国語を理解した．まさにマルチタレントである．その天才はとどまるところを知らず，英国のピラミッド発掘作業にもかかわり，そこに描かれていた象形文字の解読のきっかけをつくった．

　古代エジプトの文字はヒエログリフとして知られているが，これは4世紀以降，それを解するひとたちが災害によってナイルの島ごと沈んだために，解読が不可能となった．またヒエログリフを表意文字として解読しようとしたことが研究を阻害していた．ナポレオン軍によって発掘されたロゼッタ・ストーンは英仏戦争にイギリスが勝利を収めると大英博物館へ送られた．そこでヤングはこの石の文章中に枠で囲まれた部分があることに注目して解読した．ここの部分は重要だから枠になっているのだと考え，これをファラオの名前とした．Ptolemaios（プトレマイオス）という1音1音を絵文字に当てはめることによって，表音文字としてのヒエログリフをうかびあがらせたのである．つまり「かな」のように音を表す文字でありそれ自体は意味のない文字とするか「漢字」のように文字自身に意味があるとするかの違いである．「かな」方式を適用してヤングは一部解読に成功した．ヤング自身はこれは固有名詞で外来語だから読めたのであるとの結論を下してそれ以上のことはしなかった．

　このヤングの仕事にヒントをえて，解読を完成させたのは世界史の教科書にも出てくる シャンポリオン(Jean F. Champollion, 1790-1832)である．彼は少年の頃に誰も解読できていないことを

> フーリエ(Jean B.Y. Fourier, 1768-1830)から教えられ,それがライフ・ワークになった.そしてヒエログリフをトーマス・ヤングが部分的に行ったように基本的に表音文字とみなし,さらにコプト語と関連づけることにより,解読を可能にした.さらにヒエログリフには絵文字と表意文字が含まれることも明らかにした.

2.3. ヤングによる表面張力の定式化

ヤングによる表面張力の定式化の前に表面張力の定義を行う.

表面張力の定義

まず表面張力γを「液体を変形させて,表面積をdA拡大するときに必要なエネルギー」と定義する.エネルギーは面積を広げる部分の分子がもともと占めていた面積に比例する.したがって

$$\delta W = \gamma dA \qquad \therefore \qquad \gamma = \frac{\delta W}{dA}$$

よって単位はJ/m^2となる.表面張力γは表面を単位面積だけ拡大するために必要なエネルギーのことである.これはまた N/m とも書けるので,単位長さあたりの力になる.こちらのほうが表面張力を実感できる単位かもしれない.

> ### コラム：エネルギー
>
> ポテンシャルとは仕事という発想からくるものである.わかっているようでわかっていないのが,力と仕事の関係である.これは基礎事項であるが復習してみよう.
>
> $$W = F \times r$$
>
> 仕事とはあるものを（たとえば煉瓦でもいい）場所 1 から場所 2

へ運ぶときにはじめて発生する．これはエネルギーと同じ単位になる．ただ力を入れているだけで動かさなければ仕事をしたとはいえない．仕事をする能力はポテンシャルと表現し単位はエネルギーと同じとなる．

　分子間力をあつかう場合も分子間相互作用という言葉を使用することが多々ある．これは非常に便利な言葉なので時々使っているが，教科書などを読むときもエネルギーのことなのか力のことなのかを注意して読んでいくことが重要である．

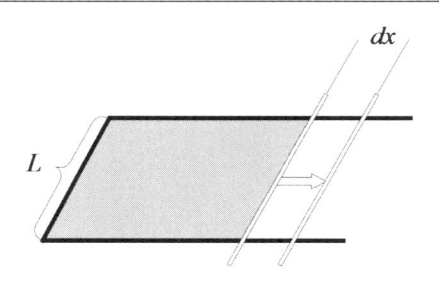

図 2-3　石けん膜を広げるときの仕事

たとえば図 2-3 のように石けん膜を張りこれを広げていくとき力が必要になる．動かす距離を dx 引っ張るための力を F とすれば必要な仕事は（力）×（距離）なので

$$\delta W = Fdx$$

となる．これは石けん膜の表面張力に逆らって行った仕事と等しくなり，境界は表と裏の 2 面が存在するので

$$Fdx = 2\gamma Ldx$$

$$\therefore \quad \gamma = \frac{F}{2L}$$

このように γ は単位長さあたりの力（張力）ということもできる．また，γ は2物質間の境界において物質の面積を広げるために必要なエネルギーとして，表面エネルギーあるいは界面エネルギーとして理解できる．γ は式を次のように変形して単位面積を拡大する仕事 W の1/2 になる．

$$Fdx = 2\gamma Ldx$$

より，面積を A であらわせば

$$dW = 2\gamma dA$$

いま単位面積 $dA = 1$ より

$$W = 2\gamma$$

$$\therefore \quad \gamma = \frac{W}{2}$$

Young の式

γ は実際には真空でない場合が多いので界面エネルギーと称するほうがより正確である．毛管現象のように3体が交わるところではこれらの界面エネルギーは結果的に表面張力のつりあいとしてあらわれる．この3種の表面張力のつりあいは水滴がガラスに載っている場合を図示すれば図 2-4 のようになる．3 力は図のように II 相のガラスと III 相の空気との間に水滴 I 相が接している場合，左向きの張力と右向きの張力が点 P においてつりあっているとみなせる．これは一般に1点における3本のベクトルのつりあいになり，図 2-5 の三角形を形成するつりあいであり，数

学の時間に習う正弦定理（Lami の定理）となる．

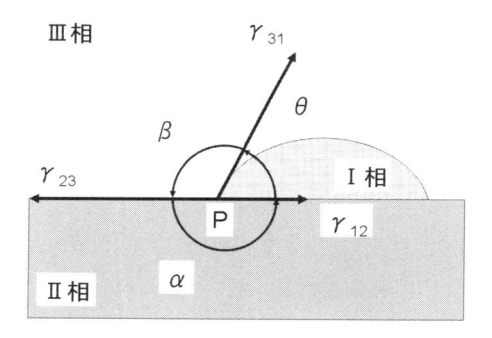

図 2-4　ガラス上の水滴と表面張力

　張力としてのベクトルのつりあいの式はベクトルを移動させて作成した三角形の内角を θ_1, θ_2, θ_3 と置き換えて書き改めれば図 2-5 のようになる．

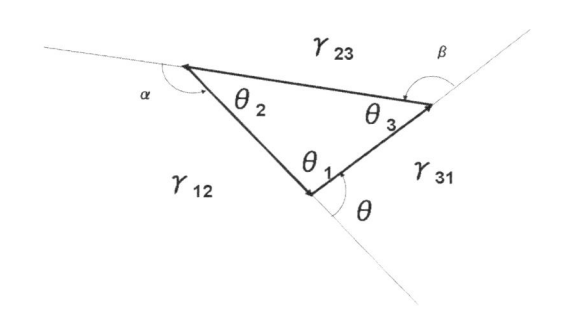

図 2-5　表面張力のつりあい

ここに，正弦定理をつかえば

$$\frac{\gamma_{12}}{\sin\theta_3} = \frac{\gamma_{23}}{\sin\theta_1} = \frac{\gamma_{31}}{\sin\theta_2} \quad , \quad \theta_1 + \theta_2 + \theta_3 = \pi$$

となる．これらの式は以下の 3 式

$$\gamma_{12} = \gamma_{23}\cos\theta_2 + \gamma_{31}\cos\theta_1$$
$$\gamma_{23} = \gamma_{31}\cos\theta_3 + \gamma_{12}\cos\theta_2$$
$$\gamma_{31} = \gamma_{12}\cos\theta_1 + \gamma_{23}\cos\theta_3$$

と同値になる．先の図のガラス台，水滴，空気の表面張力のつり合いはしたがって 3 式のつり合い式の特別な場合になる．図 2-4 のつり合いの図において接触角 θ が $\pi - \theta_1$，α の角度が $\pi - \theta_2$，さらに水平のガラスでは $\alpha = \pi$ となる．よって

$$\alpha = \pi - \theta_2 = \pi$$
$$\theta = \pi - \theta_1$$

の関係をえる．この条件を正弦定理から導かれた 3 式の第 1 式 $\gamma_{12} = \gamma_{23}\cos\theta_2 + \gamma_{31}\cos\theta_1$ に代入することで

$$\gamma_{12} = \gamma_{23} - \gamma_{31}\cos\theta$$

$$\therefore \quad \gamma_{23} = \gamma_{12} + \gamma_{31}\cos\theta$$

という式がえられる．これはおよそ 200 年前に Young が議論した表面張力のつり合いの式にほかならない．したがって相を 1→液体相(Liquid), 2→固体相(Solid), 3→気体相(Gass)へ書き換えると，よく知られている

第 2 章　毛管現象と表面張力

$$\gamma_{SG} = \gamma_{LS} + \gamma_{LG} \cos\theta$$

の Young (1805)の式が求まる．これは図では横方向の力のつり合いを示している．縦方向については，固体であるガラスにおいて作用・反作用の法則でつり合っており省略することができる．また気体相がほとんど相互作用に関わらないとすると

$$\gamma_S = \gamma_{LS} + \gamma_L \cos\theta$$

と近似できる．

コラム：余弦定理と正弦定理

三角形の角度と辺が次のように与えられているときに

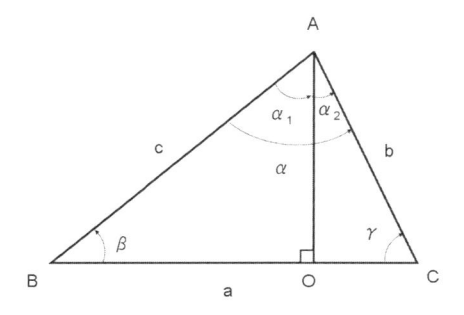

正弦定理：	余弦定理：
$\dfrac{a}{\sin\alpha} = \dfrac{b}{\sin\beta} = \dfrac{c}{\sin\gamma}$	$a^2 = b^2 + c^2 - 2bc\cos\alpha$

が成り立つ．

証明
正弦定理は点 A から垂線を辺 BC にひけば直線の長さ AO は

$$\overline{\mathrm{AO}} = c\sin\beta$$

同時にこれは

$$\overline{\mathrm{AO}} = b\sin\gamma$$

したがって

$$c\sin\beta = b\sin\gamma$$

$$\therefore \quad \frac{b}{\sin\beta} = \frac{c}{\sin\gamma}$$

同様な操作をほかの頂点でも行うと，正弦定理

$$\frac{a}{\sin\alpha} = \frac{b}{\sin\beta} = \frac{c}{\sin\gamma}$$

をえる．

　余弦定理の証明は点 A から垂線を辺 BC にひけば

$$a = b\sin\alpha_2 + c\sin\alpha_1$$

両辺を 2 乗して

$$a^2 = b^2\sin^2\alpha_1 + c^2\sin^2\alpha_2 + 2bc\sin\alpha_1\sin\alpha_2$$

さらに

$$\begin{aligned}a^2 &= b^2 + c^2 - b^2\cos^2\alpha_2 - c^2\cos^2\alpha_1 \\ &+ 2bc\cos\alpha_1\cos\alpha_2 - 2bc\cos\alpha_1\cos\alpha_2 + 2bc\sin\alpha_1\sin\alpha_2\end{aligned}$$

三角関数の加法定理より

$$a^2 = b^2 + c^2 - (b\cos\alpha_2 - c\cos\alpha_1)^2 - 2bc\cos(\alpha_1 + \alpha_2)$$

ここで頂点 A からの垂線は同一なので

$$b\cos\alpha_2 = c\cos\alpha_1$$

したがって

$$a^2 = b^2 + c^2 - 2bc\cos\alpha$$

の余弦定理をえる.

Young-Dupre の式

　γ が液体を広げるための単位面積あたりのエネルギーであることを思い出せばこれは物質間相互作用の結果であることがわかる. ここで物質の相互作用はたとえば粒子間力でも分子間力でも相互活力でもかまわない. エネルギーの見積もりから物質間の相互作用という観点がスムーズに導入できることに注目してほしい. これはミクロな分子の相互作用に帰結する.

　定義から表面張力 γ は表面積 1 単位だけ広げるエネルギーであり, 図 2-6 のように同種物質どうしの相互作用では結合している力に打ち勝つ仕事に比例する. バネで物質がつながっているところを引っ張る力に対応する.

　面積の拡大は図 2-7 の左側ように同種物質の結合を切り離せば新しい表面が 2 つできる. この仕事はくっつける場合と値が等しく凝集仕事と呼ばれる. ここでは W_{AA} とする. このとき新しく表面エネルギー（表面張力）γ_A をもつ面が 2 つできる. 仕事 W_{AA} は反発のエネルギーを正, 引力のエネルギーを負にとるので, A, B

を相互作用の強さとすれば同種の分子の場合

$$W_{AA} = -A^2 = 2\gamma_A$$
$$W_{BB} = -B^2 = 2\gamma_B$$

上式は，面積拡大の仕事は表面張力の2倍の関係 $\gamma = W/2$ からも導ける．

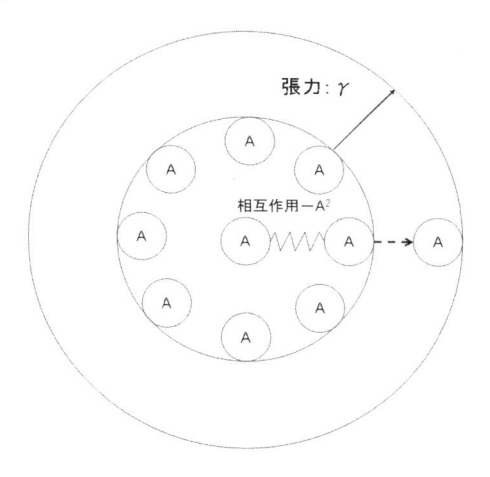

図2-6 同種粒子の張力と粒子間凝集

一方，異種分子A,Bを接着（または分断）する仕事は図2-7の右側ように

$$W_{AB} = -AB$$

となる．A, Bの内訳は相互作用の種類によって異なるが，たとえばクーロン力では電荷Qとq，重力では質量Mとm，分散力では分極率α_Aとα_Bになる．

第 2 章　毛管現象と表面張力

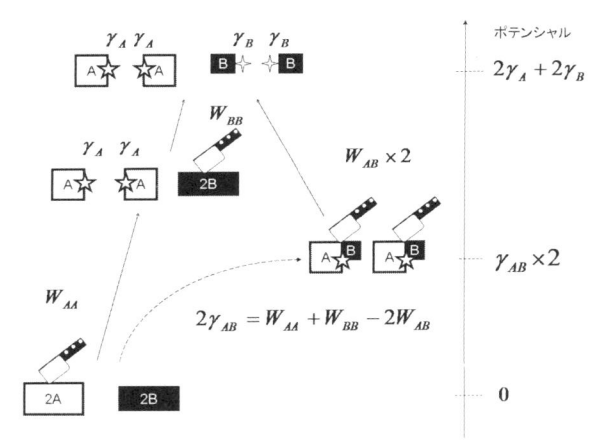

図 2-7　真空中で 2 単位面積の A,B をつくる仕事

(☆は表面エネルギー γ_A, γ_B　界面エネルギー γ_{AB})

W_{AB} は付着仕事と呼ばれる．ポテンシャルの変化は会合体 AB の境界に分布する界面エネルギー γ_{AB} が表面エネルギー γ_A と γ_B になる．

したがって単一の分散状態(dispersed)の A と B から会合状態(associated) AB に移行するために必要な仕事 W_{AB} はポテンシャルを U として単位面積あたり

$$W_{AB} = U_{分散} - U_{結合}$$

これは表面エネルギーと界面エネルギーであらわせば

$$W_{AB} = \gamma_A + \gamma_B - \gamma_{AB}$$

この法則は分子のみならず A 面，B 面という巨視的な場合におい

ても成立する．固体相(Solid)，液体相(Liquid)で考えれば，分散状態から会合状態になる場合の単位面積あたりのエネルギー差は

$$W_{LS} = \gamma_S + \gamma_L - \gamma_{LS}$$

ヤング式 $\gamma_S = \gamma_{LS} + \gamma_L \cos\theta$ を代入すると

$$W_{LS} = \gamma_L(1 + \cos\theta)$$

の Young-Dupre の関係式となる．W_{AB} はマクロ的には A,B の接着や付着のために必要となる仕事であるが，いまみてきたように分子間の相互作用の強さとして解釈できる．結局，表面張力 γ が接着のエネルギー（分子間の相互作用）W_{AB} から算出できることが確認される．

　このように3力のつりあいより Young 式，さらに物質どうしの接着のエネルギーを想定して表面張力の定式である Young-Dupre 式を導くことができる．同時に表面張力が物質どうしの接着力に由来することが推測される．物質どうしの接着のエネルギーは原子・分子の時代になった現在において分子間力として書き換えられる．表面張力がつりあうためには分子間力が必要になる．

　ところで本当の発展の形式はどうだったのであろうか．たぶんこの逆の道をたどったと思われる．表面張力や毛細管現象などの重力ではあきらかに説明できない現象を説明しようと試みる．さまざまな仮定をして実際の現象がうまく説明できるかどうかを検証していく．うまくいかないときはさらに別の仮定をするという試行錯誤だったのではないか．教科書の記述はうまくいった最終の結論や事実のみが記される．

第 2 章　毛管現象と表面張力

多くのトライの後に表面張力を理解するには付着エネルギーを想定することでうまくいくことがわかった．その延長として，物質どうしの分子間力が予想できたのだと思われる．当時エネルギーや表面張力という言葉はなかったかもしれないが，現象の原因の究明が本質を明らかにした．

2.4. ラプラスによる毛細管現象の定式化

ラプラスは毛細管現象を内部圧という概念を用いて説明した．図 2-8 のように毛細管現象が見られる場合を考える．ガラス管を水槽に差し込むと水が管のなかを上昇していくという現象である．ガラス管内の表面の球形になったところは専門的にはメニスカス（日本語に訳せば半月）とよばれている．

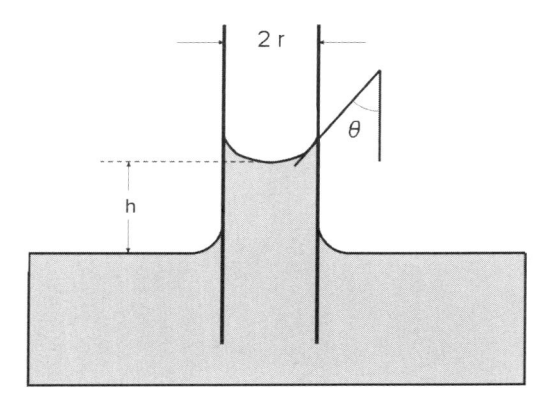

図 2-8　毛管現象の図

この図において管内の液体表面の単位長さあたりの張力すなわち表面張力は γ である．したがって，垂直方向（z 軸）の張力

は管の円周をかけて
$$2\pi r \times \gamma \cos\theta$$

いま，毛細管に吸い込まれている水分とつりあっており，表面張力によって生じた部分メニスカスは水，アルコールではほとんど球形と見なせるので $\cos\theta = 1$ となる．上昇部分とのつりあいの式は図の三角形の上昇部を無視して

$$2\pi r \times \gamma \cos\theta = \pi r^2 h\rho \cdot g$$

$$\therefore \quad \gamma = \frac{rh\rho g}{2}$$

毛管を上昇した水による重力は（質量）×（加速度）であり，これが毛細管の表面でつりあっているから内部にかかる力と外部からの力のつりあいは

$$F_{in} + \pi r^2 h\rho \cdot g = F_{out}$$

　毛細管の外部の圧力を P_{out}，内部の圧力を P_{in} とすれば力＝（圧力）÷（面積）だから毛細管内外の液面におけるつり合いの式を圧力で書き換えれば

$$\frac{F_{in}}{\pi r^2} + \frac{\pi r^2 h\rho \cdot g}{\pi r^2} = \frac{F_{out}}{\pi r^2}$$

したがって
$$P_{in} + h\rho \cdot g = P_{out}$$

前出の表面張力 $\gamma = rh\rho g/2$ を代入して

$$P_{in} + \frac{2\gamma}{r} = P_{out}$$

第2章　毛管現象と表面張力

$$\frac{2\gamma}{r} = P_{out} - P_{in} = \Delta P$$

ここで ΔP は大気圧（外圧）に対する内部圧の減少量を示している．したがってガラス管のなかを上昇するように見える毛管現象は内部圧の減少ということで説明ができる．なぜ内部圧の減少が生じるのかを考えるとき，ガラス，水，空気分子どうしには引っ張りあう力が存在し，3者は一様ではなくその差が内部圧の減少となっていると考えることができる．つまり物質どうしの吸着力の差がこの内部圧の減少を生み出していると解釈できる．メニスカスをこのように考えられる他の理由として水を水銀に換えたときの毛管現象がある．この場合は面の上昇ではなく面の下降として水銀面があらわれる．これは数式的には $\cos\theta$ がマイナスの場合として，物質の性質としては界面エネルギーが

$$\varepsilon_{ガラス-空気} < \varepsilon_{水銀-ガラス}$$

となる場合であると考えることができる．

　このようにして表面張力という現象が物質間どうしの相互作用を想起させた．これはまだはっきりと証明されたものではなく現象論的な議論であった．それは当時，まだ分子・原子の存在自体が不確定な時代だったからである．分子・原子の存在は20世紀に入ってから確実なものとされた．さて次章において，この分子間力が化学の発展によってさらに確実なものとして示されたことを述べる．ここでは中学・高校にて習う気体の状態方程式を取り扱う．理想気体とそうではない非理想気体（たとえば二酸化炭素 CO_2）のデータのずれから明らかにされてきた過程を説明する．ラプラスが示した内部圧の減少という説明が非理想気体の状態方程式へ組み込まれていくのである．

(参考文献)
- 品川嘉也著，『医学・生物系の物理学』培風館 (1976)
- J.N.イスラエルアチヴィリ著，近藤保，大島広之共訳，『分子間力と表面力』第 2 版 朝倉書店 (1992)
- 小野周著，『表面張力』共立出版 (1980)
- 化学史学会編，『原子論・分子論の原典』学会出版センター (1989)
- 島尾永康著，『ニュートン』岩波新書 (1976)
- 奥村剛訳，『ドゥジェンヌ・ブロシャール=ヴィアール・ケレ 表面張力の物理学』吉岡書店 (2003)
- 井本稔著，『表面張力の理解のために』高分子刊行会 (1993)
- サイモン・シン著，青木薫訳，『暗号解読』 新潮文庫 (2007)
- レスリー・アドキンズ，ロイ・アドキンズ共著，木原武一訳，『ロゼッタ・ストーン解読』新潮文庫 (2008)
- Margenau H. and Kestner N.R. "Theory of Intermolecular Forces", Pergamon Press, New York (1971)
- Rowlinson J.S. "Cohesion", Cambridge University Press, Cambridge (2002)
- マージナウ・マーフィー著，佐藤次彦，国宗眞共訳，『物理と化学のための 数学Ⅰ・Ⅱ（改訂版）』 共立全書 (1959, 1961)

第3章 気体の状態方程式から
ファン・デル・ワールスの状態方程式へ

3.1. ボイル・シャルルの法則

　前章において，われわれが生活している巨視的な世界で，表面張力や毛細管現象が物質間（粒子間）に力が働いていると仮定すれば説明できそうなことを示した．しかし時代の雰囲気は物質に原子・分子の単位があることすら懐疑的であった．ドルトン(John Dolton, 1766-1844)の原子説は 1808 年に，アボガドロ(Amedeo Avogadro, 1776-1856)の分子説は 1811 年に提出されたが，評判が悪く，分子原子の存在が決定的になるのはアインシュタインの理論を基にしたペラン(Jean B. Perrin, 1870-1942)の実験である．これは 1908 年のことであり 20 世紀になってからである．一方，表面張力や毛管現象の分野以外において，粒子間に働く力の問題は別の角度から，18 世紀半ばにかなりの確度をもって論じられていた．では，その方面の歴史をひもといてみよう．

　みなさんは学校の化学の時間にボイル・シャルルの法則を習うと思うが，この法則は実験によって経験的に導かれたものである．英国の自然哲学者ボイル(Robert Boyle, 1627-1691) は，水銀柱を用いて行ったトリチェリ(Evangesta Torricelli, 1608-1647) やパスカル(Blaise Pascal, 1623-1662)の大気圧に関する実験，2 つの銅製の

半球を用いたゲーリッケ(Otto von Gueriche, 1602-1686)の真空に関する実験を聞き，自らも空気ポンプを設計して実験を開始した．彼の助手は現在ばねの法則の「フックの法則」で有名なフック(Robert Hooke, 1635-1703)であった．彼は非常に実験がうまかったことが知られている．

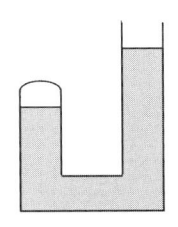

図 3-1　ボイルの水銀柱

図 3-1 のように，ボイルは片方を開放した U 字管を準備して，水銀を開放側から流し込み閉じこめられたほうの空気の体積と水銀の量との関係を調べた．1662 年に温度一定の条件で体積（V）と圧力（P）が反比例することを発見した．データとしてえられたものを再プロットすると図 3-2 のようになる．

グラフの線分は数式 $PV = 352.2$ をトレースしたものであり，これと実験データの点はよく一致している．これから

$$PV = 一定$$

という結論を導き出すことができる．当時アリストテレス派の「自然は真空を嫌う " Nature abhors a vaccum. "」という言説が流布していたこともボイルを実験に駆り立てたと思う．

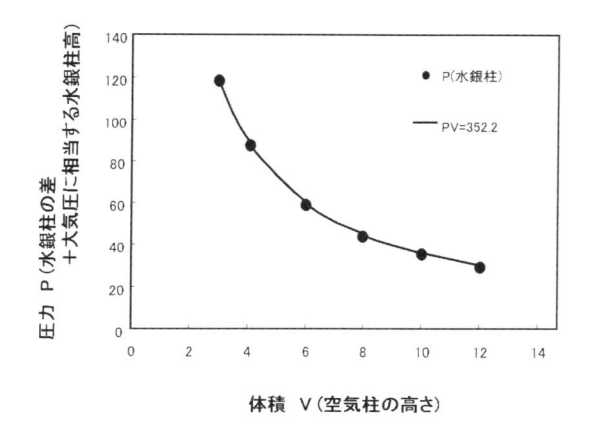

第3章　気体の状態方程式からファン・デル・ワールスの状態方程式へ

図 3-2　体積と圧力の関係のグラフ

　フランスのシャルル(Jacques A. C. Chareles, 1746-1823)は温度と気体の膨張の関係を調べ，0〜80℃の間で酸素，窒素，二酸化炭素，水素，空気が同じ割合で膨張することを示したが，論文がないため詳細はわからない．これを実験で確認したのはゲー・リュサック(Joseph L. Gay-Lussac, 1778-1850)である．フラスコの片方に細管をとりつけフラスコを熱した後，冷却した場合の体積変化について測定した．えられたデータは氷点温度の体積を 1 とした場合，表 3-1 となる．

　温度の変化量に対する気体の膨張率は恒に一定ということがわかる．

$$\frac{\Delta y}{\Delta t} = 一定$$

51

表 3-1 各種の気体の氷点と沸点における体積比

気体	沸点の体積(V_{100})／ 氷点温度の体積(V_0)
空気	1.375
水素	1.3752
酸素	1.3749
窒素	1.3749
平均	一定(1.375)

グラフにすれば図 3-3 になり,実際にえられたデータはグラフ中の実線部である.これは $y = ax + b$ の一次方程式であらわせる.

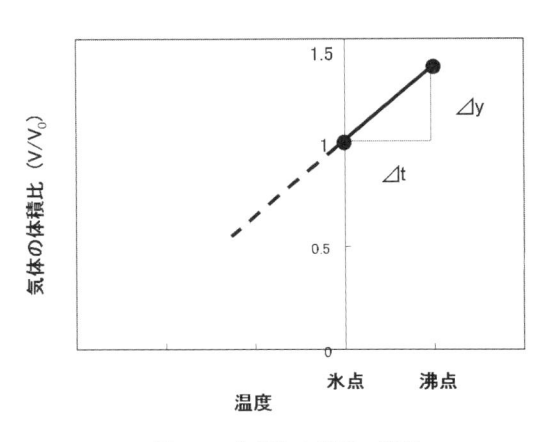

図 3-3 体積比と温度の関係

第3章　気体の状態方程式からファン・デル・ワールスの状態方程式へ

$$y = ax + b$$

上式において $x = X - b/a$ としても X は定数分 b/a がずれるだけで x の意味（ここでは温度）は変わらないことに注目して

$$y = aX$$

と置き換える．氷点温度において $y_0 = aX_0$ が成り立ち，上式の両辺を割ることで

$$\frac{y}{y_0} = \frac{X}{X_0}$$

の関係をえる．体積比を体積 V, V_0 で X を氷点および沸点に書き換えれば

$$\frac{V}{V_0} = \frac{X_{沸点}}{X_{氷点}} = \frac{X_0 + \Delta X}{X_0}$$

えられた体積比データを代入する（但し，現在のより正確な体積比 1.366 を採用）

$$\frac{X_0 + \Delta X}{X_0} = 1.366$$

いま，摂氏温度を採用して X（沸点）と X（氷点）の間を 100 等分すると，連立方程式

$$1: \quad \Delta X = 100$$
$$2: \quad 1 + \frac{\Delta X}{X_0} = 1.366$$

が成立し，これから

$$X_0 = 273.3$$

がえられる．改めて摂氏(t ℃)と気体の体積の関係は

$$V = V_0\left(1 + \frac{t}{273}\right)$$

となる．これをグラフにすれば図 3-4 となる．

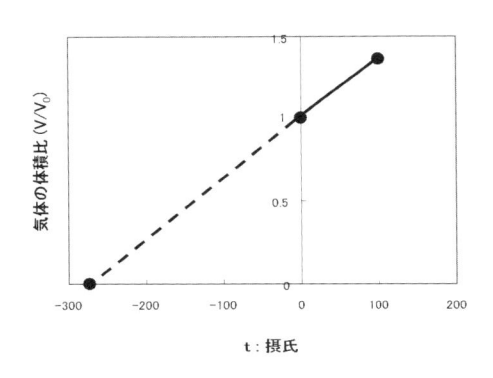

図 3-4 気体の体積比と温度（℃）の関係

グラフから温度という自然を表す指標に下限があることがわかる．体積が負の値をとることはないので，温度の下限は $V=0$ の条件の温度 t となり，ゲー・リュサックのデータから -273.3℃となる．ここを改めて零度として温度を決める単位が絶対温度 T（K；ケルビン）である．絶対温度を T とすればシャルル（ゲー・リュサック）の法則は

$$V = V_0\left(\frac{T}{T_0}\right)$$

と書き換えられる．ボイルの法則とまとめてボイル・シャルルの

第 3 章　気体の状態方程式からファン・デル・ワールスの状態方程式へ

法則は

$$\frac{PV}{T} = \frac{P_0 V_0}{T_0}$$

となる．この方程式はさらに現代ではドルトンの分圧の法則も取り入れた形で気体定数を R，分子数を n モルとすると

$$PV = nRT$$

となって理想気体の状態方程式として習う．温度と圧力－体積の関係は図 3-5 のようになる．

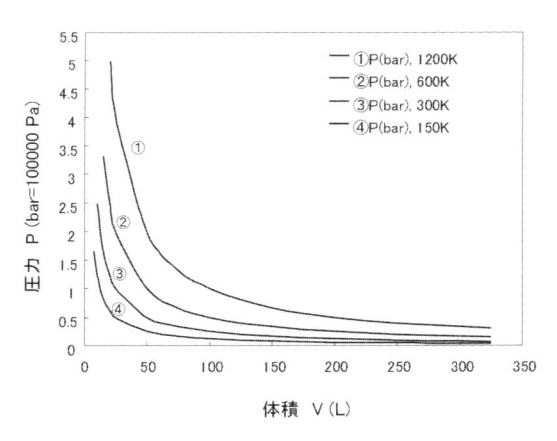

図 3-5　理想気体の状態方程式のグラフ

　この理想気体の $P-V$ （圧力－体積）の関係は何に由来しているのであろうか．ボイルの時代には明らかではなかったが，実は分子・原子を仮定すればよく説明できるのである．気体は分子・

原子から成り立っており、ある領域を運動している。分子が壁に衝突するときに圧力を生み出すと考えられる。これはドルトンの分圧の法則として知られているものであり、分圧の比がモル比となるという法則である。分子・原子の存在はニュートンの運動方程式から圧力と体積の関係がえられることが有力な証拠となった。では分子・原子を仮定した場合（18世紀に戻って）どのような定式化が可能なのだろうか。

3.2. ベルヌーイによる定式化

筆者の感想であるが、高校・中学で習う理想気体の状態方程式はわかりにくくどうもすっきりしない。どこに原因があるのだろうか。たぶん分子・原子の存在が明らかではなかったころから歴史的な経過をたどって教授されるからだと思う。これはたいへん意味のあることではあるが、もう一歩進んだ説明を知っておくと化学への興味が俄然わき上がってくる。分子・原子を仮定すればニュートン力学によって理想気体の状態方程式が導けることはその存在の有力な証拠になった。これを最初に実施したのはダニエル・ベルヌーイ(Daniel Bernoulli, 1700-1782)だと言われている。スイスの伝統的な家系のひとりである。

図3-6のように気体が存在するピストンを考える。ピストンに働く力をFとし、ピストンの断面積をL^2（一辺Lの正方形）とした場合、気体の圧力Pは力を断面積で割ったものなので

$$P = \frac{F}{L^2}$$

と定義できる。

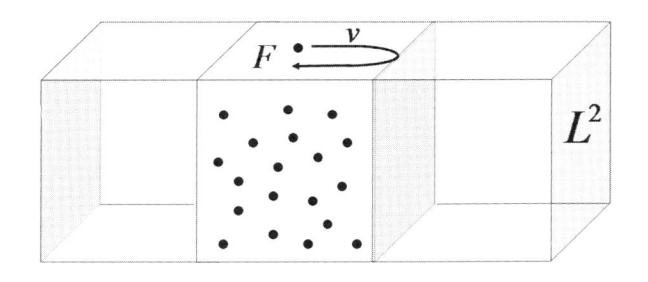

第3章　気体の状態方程式からファン・デル・ワールスの状態方程式へ

図3-6　分子の衝突により圧力が生じる

いま，ピストンを微少量 $-\Delta x$ だけ動かして気体を圧縮するとき，気体に行った微小の仕事 ΔW は（力）×（距離）なので

$$\Delta W = F(-\Delta x) = -PL^2 \cdot \Delta x = -P \cdot \Delta V$$

ここで ΔV とはピストンを微少量 $-\Delta x$ だけ動かして気体を圧縮したときの体積に相当する．力 F は内部における分子運動の変化になるので，ニュートン力学の第2法則より

$$\begin{aligned}F &= m\alpha \\ &= (\text{気体分子が壁にあたる質量} m) \times (\text{加速度}) \\ &= M_{gas} \times (\text{速度変化}/\Delta t)\end{aligned}$$

気体分子が壁にあたる前後の速度の変化は $v-(-v)=2v$ となるから

$$F = M_{gas} \cdot \frac{2v}{\Delta t}$$

気体分子 1 個の質量を m とし，Δt 時間に ΔN 個壁に衝突するとすれば

$$M_{gas} = m \cdot \Delta N$$

これを上式に代入すれば

$$F = \frac{2mv\Delta N}{\Delta t}$$

面積で割り，圧力にすれば

$$P = \frac{2mv\Delta N}{L^2 \Delta t}$$

ここでピストンの力を反映する微小体積変化量は内部分子が Δt 時間に移動する距離になるので，圧力に寄与する体積は

$$\Delta V = L^2 \cdot \Delta x = L^2 \cdot v\Delta t$$

となる．これを圧力 P に代入して，Δt を消去すれば

$$P = \frac{2mv^2 \Delta N}{\Delta V}$$

をえる．一方壁への衝突に寄与する分子数 ΔN 個は壁が 6 面あるので全体の分子数 N 個中の微小体積中の分子数の 1/6 と見積もられる．よって

$$\Delta N = \frac{1}{6} \cdot \left(N \cdot \frac{\Delta V}{V} \right)$$

ΔN を前出の $P = \dfrac{2mv^2 \Delta N}{\Delta V}$ に代入して

第3章 気体の状態方程式からファン・デル・ワールスの状態方程式へ

$$P = \frac{2mv^2}{\Delta V} \cdot \left(\frac{N\Delta V}{6V}\right) = \frac{mv^2 N}{3V}$$

式を変形して

$$P = \frac{2N}{3V}\left(\frac{1}{2}mv^2\right)$$

をえる．

　ここで，分子が速度 v で移動する場合のエネルギー E に注目する．速度 v，質量 m の物体がもつエネルギーはどのように計算すればよかったのだろうか．Δt の時間に分子が移動するエネルギーは分子質量 m を A から B に移動した仕事に等しくなる．したがって分子の移動（運動）エネルギー E は力 F を移動距離 r で積分すればよい

$$E = W = \int_A^B F dr = \int_A^B m\alpha dr = \int_A^B m \cdot \left(\frac{d^2 r}{dt^2}\right) dr$$

積分を変数変換によって行う．いま $X = dr/dt$ とすれば，A 点，B 点における分子の速度をそれぞれ v_A, v_B とすることで次のように変数変換ができ

$$W = \int_{v_A}^{v_B} m \cdot \left(\frac{dX}{dt}\right) X dt = m \int_{v_A}^{v_B} X dX$$
$$= \frac{1}{2}mv_B^2 - \frac{1}{2}mv_A^2$$

となる．これは質量 m，初速度 0 の粒子の運動の場合，そのエネルギーは $v_A = 0$ を代入して

$$E = \frac{1}{2}mv^2$$

となることを示している.エネルギー E を前出の $P = \dfrac{2N}{3V}\left(\dfrac{1}{2}mv^2\right)$ に代入すれば

$$PV = \left(\frac{2N}{3}\right)E$$

をえる.ニュートンの法則によれば分子同士が衝突して平衡になるときはエネルギーをすべて受け継ぐので $1/2\,mv_1^2 = 1/2\,mv_2^2$ である.よって上式は同数の分子の個数 N,温度一定であれば分子の種類に関係なく恒等的に成り立つ.分子または原子の数が変わらない状況ではエネルギー保存法則が成り立ち右辺は定数になる.したがってボイルの法則

$$PV = 一定$$

がえられる.ボイルの法則はもともと実験的に導かれたが,分子の弾性衝突としてニュートン力学から導出できる.次に温度との関係を考えてみよう.

精密な実験データでは水が蒸発する温度 T_1 と氷の溶ける温度 T_2 において,1気圧のもとで気体の体積は次表の通り.

表 3-2　各種の気体の氷点と沸点における体積

温度	T_2（氷結温度）	T_1（沸騰温度）
体積	22.712 L	31.026 L

第 3 章　気体の状態方程式からファン・デル・ワールスの状態方程式へ

ボイルの法則から温度一定のときは PV 一定なので

$$\frac{(PV)_{T_1}}{(PV)_{T_2}} = \frac{31.026}{22.712}$$

であり，PV 値は低温から高温になるにしたがい，高値をとる（比例関係が予想される）．また上式は定数÷定数なので恒等式と考えられる．既に $PV=(2N/3)E$ の結果をえており，運動エネルギー E が大きいときは高温であり，小さいときは低温である．

これらは，$E \propto$ 分子の速度 $v^2 \propto$ 温度，になっており，運動エネルギーが温度に比例すると考える妥当性を与えてくれる．以上の結果は温度の定義ができることを示唆している．PV 量は温度に比例する，つまり分子の運動エネルギーが温度 T に比例する．したがって

$$E = (比例係数) \cdot T$$

として定義して，比例係数を C とすれば

$$E = C \cdot T$$

上式を $PV=(2N/3)E$ に代入して

$$(PV)_T = \frac{2NC}{3} \cdot T$$

これはシャルルの法則である．さらに異なる温度 T_1, T_2 で辺々を割り

$$\frac{T_1}{T_2} = \frac{(PV)_{T_1}}{(PV)_{T_2}}$$

$T_2 = x$ とおけば，上式は

$$\frac{T_1}{x} = \frac{(PV)_{T_1}}{(PV)_{T_2}}$$

$$\therefore \quad T_1 = \frac{(PV)_{T_1}}{(PV)_{T_2}} x$$

これに恒等式を代入すれば

$$\frac{(PV)_{T_1}}{(PV)_{T_2}} = \frac{31.026}{22.712}$$

$$\therefore \quad T_1 = \frac{31.026}{22.712} x$$

沸騰点(T_1)と氷結点(T_2)を100等分したい場合には，方程式

$$T_1 - T_2 = 100$$

$$100 = \frac{31.026}{22.712} x - x$$

を解けばよい．これから

$$x = 273.16$$

をえる．したがって，氷結温度（摂氏0度）を絶対温度273.16 K（ケルビン）と設定できる．このように絶対温度 T は分子の移動エネルギーと比例関係にある値であり，気体が $PV = 0$，または分子の運動エネルギー $E = 0$ となるときに 0 K と定義される量である．改めて $PV \propto T$ からボイル・シャルルの法則

第3章　気体の状態方程式からファン・デル・ワールスの状態方程式へ

$$\frac{PV}{T} = \frac{P_0 V_0}{T_0}$$

がえられる．温度が絶対温度の 0 K(-273.16 ℃)以下にならない理由は体積が負の値をとることがないからである．以上，経験的にえられた法則とニュートン力学からえられた結果を比較してみる．

ボイル・シャルルの法則は実験により求められた結果であり

1. $PV =$ 一定
2. 気体の体積比は $1 + \dfrac{t}{273}$ （t：摂氏温度）に比例する

という事実を示している．

一方，気体の圧力の発生を分子・原子のニュートン力学で考えることで

1. PV は運動エネルギーと分子数のかけ算に比例し一定
2. 運動エネルギーは絶対温度 T に比例し $PV = (定数)\cdot T$ となる

の関係がわかる．したがってボイル・シャルルの法則と全く同じ内容を分子・原子を仮定することで計算からえることができる．

ここで運動エネルギーの平均をボルツマン定数 k_B を用いて $(3/2)k_B T$ として置き換えると

$$\overline{E} = \frac{3}{2} k_B T$$

$PV = (2N/3)E$ に代入して

$$PV = Nk_BT$$

k_B はボルツマン定数であり，R の気体定数を使えば

$$R = k_B \cdot 6.02 \times 10^{23} = 8.314 JK^{-1}mol^{-1}$$

n を気体のモル数として

$$n = \frac{N}{6.02 \times 10^{23}}$$

R, n を用いて書き換えれば，よく知っている気体の状態方程式，すなわち

$$PV = nRT$$

となる．

3.3. ファン・デル・ワールスの状態方程式

　気体の状態方程式が分子・原子のニュートンの運動力学から導くことができたことは歴史的には分子・原子の存在の有力な証拠になった．ところが時代がたつにつれて，理想気体の状態方程式には従わない気体が現れてきた．これは，この方程式が全ての気体を説明できるものではなく，その修正や新しい概念の追加が必要なことを示している．この問題に決着をつけたのが当時中学・高校の教師の職にあったファン・デル・ワールス(Johannes D. Van der Waals, 1837-1923)というオランダの研究者である．そのきっかけを列挙すると

　　① ドイツのマーグヌス(1802-1870)やスウェーデンのルードベリ(1800-1839)はすべての気体が理想気体の状態方

第3章　気体の状態方程式からファン・デル・ワールスの状態方程式へ

程式に従うわけではないことを示した．ファラデー(Michael Faraday, 1791-1867)も同様な結果をえていた．このうちでもっとも特異的なものは英国（北アイルランド）のアンドルーズ(Thomas Andrews, 1813-1885)という科学者が二酸化炭素について1871年に報告した実験結果である．PV が理想気体の双曲線とはならないことがわかったのである．図の3-7のように $P-V$ 曲線には途中でラグ（一定状態）が生じる．

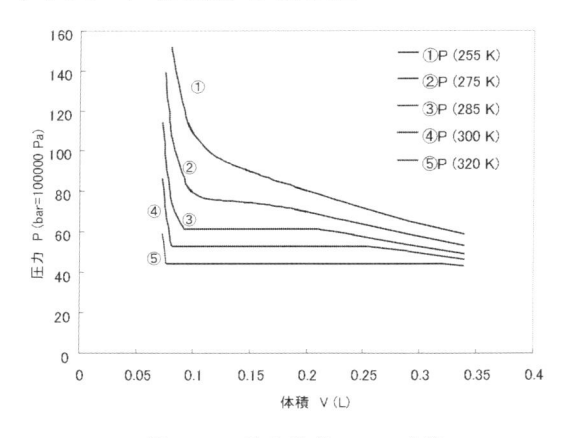

図3-7　二酸化炭素のP-V 曲線

② 毛細管においてラプラスが報告したように管の内部では圧力の減少がみられる．このことは原子や分子に互いに引き合う力が働いていると仮定すれば説明できる．

③ 分子・原子があるとすれば分子にはその大きさがあるはずで，非常に近い距離では互いを排除するような斥力が生じる．近距離では斥力・遠距離では引力が働くと予想される．

提出された式は今でもファン・デル・ワールスの気体の状態方程式としてよく知られているもので，理想気体の状態方程式から，圧力は分子間力由来の引力を補正する必要があり，これを係数 a で表し，体積は分子の大きさを引く必要があるので b を分子排除体積とする．気体中の分子数を n モルとすると

$$\left(P + \frac{an^2}{V^2}\right)(V - nb) = nRT$$

となる．これは簡単には以下のように導出できる．ファン・デル・ワールスの論文(1873)とは異なっているが，同様な結論がえられる．

b 項：分子の体積について

　理想気体では分子を点（質点）と仮定している．しかし非理想気体においては分子の体積を考慮する．理想気体の体積 V は分子が運動できる空間に相当する．非理想気体では，体積 V' から分子の占める体積を引いた空間に相当する．これは分子の体積ではなく排除体積(excluded volume)と呼ばれる分子の体積の 4 倍に相当する量になる．これを図 3-8 によって説明してみる．

　排除体積は一対の分子（2 分子）が自由に回転しているところで，図 3-8 の点線で囲まれた体積となりそれは

$$\frac{4}{3}\pi(2r)^3 = \frac{32}{3}\pi r^3$$

これを 2 で割り 1 分子あたりの体積に換算して

$$\frac{16}{3}\pi r^3$$

第3章　気体の状態方程式からファン・デル・ワールスの状態方程式へ

これは，1分子による排除体積であり分子を球状とした場合の体積

$$\frac{4}{3}\pi r^3$$

の4倍になっていることがわかる．

一対の分子が排除する体積は図における点線で描いた部分

$$\frac{4}{3}\pi(2r)^3 = \frac{32}{3}\pi r^3$$

これを1分子あたりに換算すれば

$$\frac{16}{3}\pi r^3$$

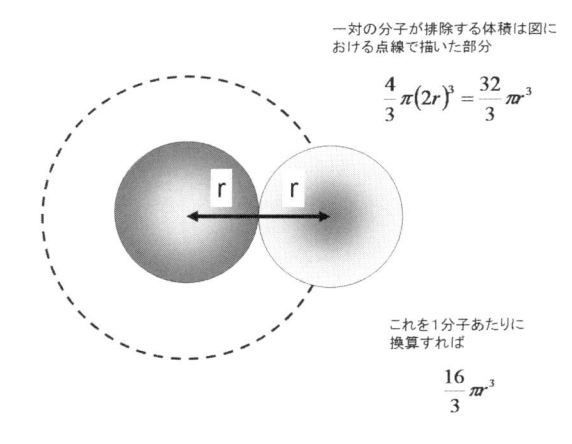

図3-8　分子の排除体積

　非理想気体の状態方程式ではこれに相当する分を体積から引く必要があるので，b を1分子の排除体積にアボガドロ数をかけた1モルあたりの排除体積として

$$V = V' - nb$$

ここでは，1分子あたりの排除体積が均一であることを仮定しているが，気体分子の濃度が高くなった場合は衝突の回数が増えると考えられる．実際は3分子4分子の場合もありえる．この場合

排除体積は一定ではなく，これがファン・デル・ワールスの式が低密度の非理想気体には合うが高密度の気体では合わなくなる原因である．

 a項:圧力の変化

 分子どうしに引力が働いているとすると，この相当分を理想気体の圧力から引く必要がある．分子間力（引力）は分子・原子の密度に比例する．

 まず，1分子について考えてみる．1個の分子が壁に当たって圧力を生み出す場合に他の分子によって引っ張られる力すなわち分子間力を引く必要がある．この減少分は図3-9の点線の矢印に相当し分子の濃度に比例することがわかる．この比例係数を a_1 とすれば，減少に相当する分圧は，分子数を n モル，アボガドロ数を L，体積を V とすることで

$$a_1 \frac{nL}{V}$$

となる．さらに，壁に当たる分子は同一体積内にある分子の数すなわち濃度に比例する．したがって減少する圧力分は比例定数を a として

$$a_1 \frac{nL}{V} a_2 \frac{nL}{V} = a \cdot \left(\frac{n}{V}\right)^2$$

として表すことができる．非理想気体で考慮する圧力 P' は理想気体の圧力 P からその分差し引く必要があり

$$P' = P - \frac{an^2}{V^2}$$

以上の理想気体と非理想気体の (V, V') と (P, P') の関係を理想気

第 3 章 気体の状態方程式からファン・デル・ワールスの状態方程式へ

体の方程式 $PV = nRT$ に代入することにより

$$\left(P' + \frac{an^2}{V'^2}\right)(V' - nb) = nRT$$

をえる．

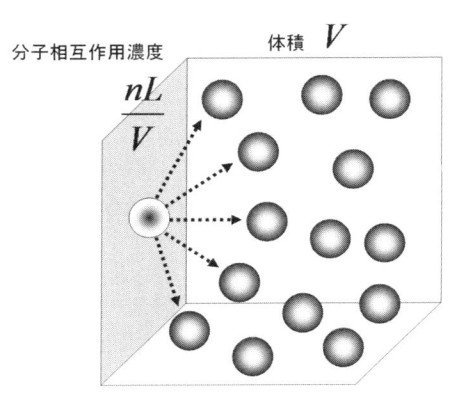

図 3-9 分子間力による圧力の減少

あらためて，$P' \to P, V' \to V$ と書き換えることで，ファン・デル・ワールスの方程式として，今日よく知られている

$$\left(P + \frac{an^2}{V^2}\right)(V - nb) = nRT$$

または，モル体積 $\overline{V} = V/n$ を導入した

$$\left(P + \frac{a}{(\overline{V})^2}\right)(\overline{V} - b) = RT$$

がえられる．CO_2 などでは理想気体の状態方程式よりも，ファン・デル・ワールスの方程式のほうが実態に合うことがわかった．

　ファン・デル・ワールスの方程式が分子論の立場からも妥当なものであったことを（付録 A, B）にて示したので，余力のあるひとは読んで確認してほしい．それらによれば分子の占める球体積の直径を σ としてアボガドロ数を L とすれば

$$a = \frac{2\pi L^2 c}{3\sigma^3} \quad , \quad b = \frac{2\pi \sigma^3 L}{3}$$

　　a, b：ファン・デル・ワールス式の定数
　　c　：分子間力ポテンシャルの係数

となる．これは気体どうしの分子間力が距離の 6 乗に反比例すると仮定することで導かれる結果である．おおまかであるが，ファン・デル・ワールスの式において，a は分子間力のポテンシャルの係数 c に比例し，b は分子体積の 4 倍になる．

　ファン・デル・ワールスの方程式はいままで説明できなかった実験事実を裏付ける理論となった．この方程式からえられるグラフは図 3-10 のとおりであり，アンドルーズが得た $P-V$ 曲線と似ていることがわかる．

　実験と異なるところは，ファン・デル・ワールスの方程式は数学的には三次方程式になり圧力 P に対して V の解が 3 つ決まることである．現実世界ではこのようなことはあり得ず，この圧力では気体と液体の混合状態になり液体の体積と気体の体積の 2 つになる．液体の体積は圧力に関して変化のすくない y 軸寄りの体積になり，気体は y 軸から離れたほうをとる．両者の間は実験のように水平になる．

第3章 気体の状態方程式からファン・デル・ワールスの状態方程式へ

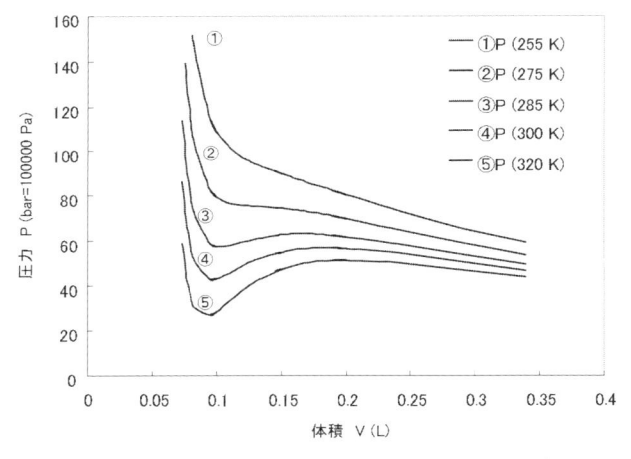

図3-10 ファン・デル・ワールスの状態方程式

また，この気体と液体の混合状態という現象（実験の $P-V$ 曲線のグラフで水平になる部分）はある温度以下になった場合に生じることがわかる．圧力 $P = $ 一定 の直線を引くことでわかる．液体・気体の混合状況が現れる温度を臨界温度と呼んでいる．臨界温度以上では液体と気体の区別は存在しない．圧力をいくらかけても液化しない．二酸化炭素では31.4℃である．この温度はファン・デル・ワールス式を三次方程式とみなした場合の変曲点から求められ（付録C）

$$T_c = \frac{8a}{27bR}$$

となる．

ファン・デル・ワールスの式はいままでの気体の状態方程式を

発展させ，分子・原子の存在を大きく裏付け，さらに粒子間力というニュートン以来の疑問 Query 31 に決着をつけるものであったといえる．科学の世界ではいままでの理論では新データが説明しきれず，事実を説明するために理論が発展していくという形はしばしばみられる．1900 年に量子論においてプランク(Max K. L. Planck, 1858-1947) が導入した黒体放射の式もそのような新データを説明するものであった．

実はファン・デル・ワールスの式にあまり合わない気体もあることをファン・デル・ワールス自身も知っていたようだ．しかし，いままでの概念に分子間力という概念を付与することでそれまで説明できなかった実験事実を克服したことは科学におけるマイルストーン(Milestone)といえる．

次に生じる疑問は，なぜ気体分子（単原子）の間に力がはたらくのだろうかということである．現象が説明できたら，その次は原因である．これは物質どうしの引力・斥力によって生じる現象であるから分子レベルで解明する必要がある．結論からいえば，クーロンの法則などのポピュラーなものから，20 世紀になってわかってきた誘起双極子効果，ロンドンの分散力など種々の力が分子間に働くのである．

（参考文献）
- 小尾欣一監訳 『クーン・フェルスターリンク　物理化学 I，II』 丸善　(2000)
- 藤代亮一訳 『ムーア　物理化学（上）（下）（第 4 版）』 東京化学同人 (1974)
- 戸田盛和・松田博嗣・樋渡保秋・和田三樹著　『液体の構造と性質』　岩波書店　(1976)
- 管宏著 『はじめての化学熱力学』　岩波書店　(1999)

第 3 章　気体の状態方程式からファン・デル・ワールスの状態方程式へ

- 江沢洋著　『だれが原子をみたか』　岩波書店　(1976)
- 竹内敬人著　『化学基本7法則』　岩波ジュニア文庫　(1999)
- Rowlinson J.S. Ed. "J.D. van der Waals : On The Continuity of The Gaseous and Liquid States", North-Holland Physics Publishing, Amsterdam (1988)

第4章　分子間力の種類

4.1.　分子間力, その起源

　いままで表面張力・毛細管現象, CO_2 などの非理想気体の状態方程式など普段の生活に現れる現象が分子どうしに力が働いていることで説明できることを示してきた．ミクロの世界の描像によってマクロな現象が説明できる．では分子間力, それ自体はなにが原因となっているのであろうか．実は分子間に働く力のほとんどは電磁気力で説明できるのである．これを説明する前に電磁気力以外にどのような力があるのか復習してみよう．

　力（Power, Strength, Force）という言葉をわれわれは日常, なにげなく使用している．しかし, いざこれについて考えをめぐらせると, ハテ何だろうということになる．これを解明し説明することは大変である．われわれが遭遇する力とはどのようなものがあるのだろう．たとえば

- ××首相には指導力がない．
- ×月に受けた実力テストの成績は散々だった．
- 藤原道長は平安朝にあって権力を独り占めした．
- 磁石のN極とS極には引力が働く．
- 女優の×××はとても魅力的だ．

第4章　分子間力の種類

・リンゴは万有引力によって落ちる．

などなどである．これらは何かと何かが引き合う状態を表すか，または何かが何かに対して影響することを意味している．また単独で力が使われる場合は腕力を意味することが多く，力の用法の多くは熟語として使われている．たとえば，能力，企画力，得点力などである．最近では鈍感力というのが話題になった．物質どうしが反発する場合もあるが，このような場合には力でも反発力，斥力といってことわりを入れて使用している．

自然界の4つの力

いままでえられた知識をもとにすれば自然界において基本となる力は4種類あるとされている．このうち2つはわれわれにも馴染み深い重力と電磁気力である．他の2つのうち1つは強い力と呼ばれ，日本ではじめてノーベル賞を受賞した湯川秀樹が予言した中間子から解明された．中性子と陽子の間に働く近距離に作用する力である．もう1つはパウリ(Wolfgang Pauli, 1900-1958)や，フェルミ(Enrico Fermi, 1901-1954)らによって予言されたニュートリノなどに働く弱い力である．現在，確認されている力はすべてこの4つに分類される．改めて記述すると，「重力」，「電磁気力」，「強い力」，「弱い力」，である．すべての力は素粒子が行き交いするときの相互作用と考えられている．まだ検出されていないが重力は重力子，電磁気力は光子，強い力はグルーオン（中間子から発展），弱い力はウィークボゾンが行き交いするときに発生すると考えられている．力の特性を論じる場合1)力が作用する物質の種類，2)力の強さ，3)力の到達距離を問題にする必要があるとされている．それに即して分子間力をみていこう．

物質間相互作用の原因

　分子間力は力の特性1)のポイントからみて，力が作用する物質の種類は分子間，単原子間，分子単原子間になる．それでは，分子間力は4つの基本的な力のどこに分類されるのであろうか？総合すれば磁気力，電気力，重力の複合であり基本的な4つの力の2つで構成される二次的な力といえる．分子・原子には質量があるので重力も働くが，電磁気力に比べて無視できるほど小さい．したがって，生体高分子や分子・原子どうしに働く力（斥力・引力）の大部分は電磁気力となる．電磁気力は数学的にはヘルマン=ファインマンの定理にしたがう．さらに，磁気力も電気力に比較して無視できることがわかっている．したがって，分子どうしに働く力は様々な静電気力が主となる．それでは分子間力はどのようにして発生するのだろうか，その実体を探ってみよう．

　一番身近な現象は誰もが（たぶん）小学校の低学年のときに休み時間にやっていたことだが，セルロイドの下敷きを髪の毛と摩擦させた後で，下敷きを上にあげていくと髪の毛がそれにくっついてくるものである．これは静電気によって生じた分子間力である．これもマクロの現象をミクロの世界で説明できる．摩擦によって静電気が＋と－に分かれ電荷が蓄積される．＋に帯電した物質と－に帯電した物質は引き合うので下敷きをあげていくと髪の毛もいっしょについてくる．

　摩擦によって物質が吸着することは古代ギリシャの時代から知られていた．琥珀を布で摩擦することによってものを引きつける不思議な効果があることは，ギリシャの哲学者プラトン（紀元前427-347）の著書『ティマイオス』に書かれている．書名のティマイオスはプラトンと同じソクラテス門下の哲学者の名前である．

第4章 分子間力の種類

Moreover, as to the following of water, the fall of thunderbolt, and the marvels that are observed about attraction of amber and Heraclean stones, — in none of these cases is there any attraction ; but he who investigates rightly, will find that such wonderful phenomena are attributable to the certain conditions, — the non-existence of a vaccum, the fact that objects push one another round, and that they change places, passing severally into their proper positions as they are divided or combined.

（参考文献）
- ■ Plato, *Gorgias and Timaeus*, Translated by Benjamin Jowett (1817-1893), Dover Publications, Inc. New York, p.239, (2003)

ここで amber とは琥珀のことである．ギリシャ語の $ηλεκτρον$ は electron の語源になっている．琥珀は木の樹脂が化石となったものであり昆虫や小動物が混入していることもある．映画ジュラシック・パークにも登場した．ギリシャでは衣服のボタンに使用されていた．また Heraclean stone とはギリシャの Magnesia 地方で産出した磁石(Magnet)のことである．

当時は静電気力，磁力の科学もない時代であったが，すでに磁気現象，静電気現象が知られていたことがわかる．今日では ＋極と－極が，N 極と S 極が引き合うということで説明される．プラトンは「自然は真空を嫌う "Nature abhors a vaccum."」と解釈し，不思議な吸着力（遠隔力？）ではないという立場をとった．

歴史はギリシャ時代から中世を飛ばして 18 世紀フランスになる．電磁気力の基本はクーロンの法則である．分子間力に属するもので高校の授業で習う．

4.2. クーロンの法則

クーロン力は 18 世紀のフランスの土木技術者であったクーロン(Charles A. Coulomb, 1736-1806) が解明した．彼は自分が発明した精密なねじばかりを用いて実験によって1785 年から 1789 年にかけて定式化した．クーロンはニュートンの重力の法則の類似系としてこの力を求めた．距離の 2 乗に反比例するものは逆 2 乗の法則として知られており，重力の法則，クーロンの法則，照度の法則などがある．ではなぜ逆 2 乗となるのだろうか．これは幾何の知識が少しあれば理解できる．

クーロンの法則を復習してみよう．距離 r 隔てた 2 つの電荷 (Q, q)に働く力を考える．図 4-1 のように直線上に＋の点電荷と－の点電荷があるとしよう．

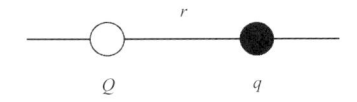

図 4-1　点電荷と点電荷の配置図

このとき，これら電荷に働く力 F が

$$F = k \cdot \frac{Q \cdot q}{r^2} \qquad (k：定数)$$

と与えるというのがクーロンの法則である．しかし，ここで皆さ

第4章 分子間力の種類

んは疑問をもたれなかったであろうか？ どうしてこの力は距離の2乗に反比例するのかと．つまり，距離の1乗や，距離の3乗に反比例することなく，どうして距離の2乗に反比例するのだろうか？ これは図に書いてみるとよくわかる．

いま簡単のために，2物体の電荷を1と仮定する．つまり図4-2の中心の物体（電荷 1）と外の球表面上にある物体（電荷 1）が距離rでもって電気力で引き合っているとする．このとき力は下図のように原点から空間全体に広がっていることになる．力は中心から放射しているので距離rだけ離れていくとその力Fは図のように球体の面積に広がり，その力の密度は面積に反比例する．これは照度と距離の関係と同じである．ある場所の照度は電燈からの距離の2乗に反比例する．われわれの視覚もそのように照度を捉えることができる．

さて，これを定式化してみよう．内側の球の半径を1とし，力線の分布個数をf（個/cm^2）とする．外側の球の半径をrとし，力線の分布個数をF'（個/cm^2）とする．

ここで力線の個数の総和（Σ）は内球と外球では同じであり一定数なので

$$\text{力線の総和}(\Sigma) = f \cdot (\text{内側の球体の面積}) = F' \cdot (\text{外側の球体の面積})$$

球体の表面積は$4\pi r^2$なので

$$\Sigma = f \cdot 4\pi 1^2 = F' \cdot 4\pi r^2$$

両辺を4πで割って

$$\frac{\Sigma}{4\pi} = f = F' \cdot r^2$$

図中:
$S=4\pi 1^2$
$S=4\pi r^2$
r
1

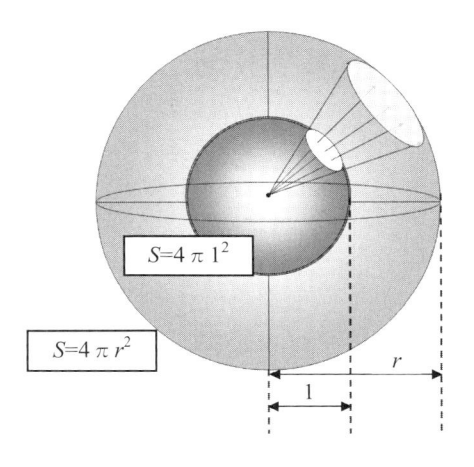

図 4-2　クーロンの法則

すなわち

$$F' = \frac{f}{r^2} \quad \text{および} \quad f = \frac{\Sigma}{4\pi}$$

力線の総和は一定であり，これは定数なので $\Sigma = 1/\varepsilon$ と置き換え可能であるから

$$f = \frac{1}{4\pi\varepsilon}$$

これを F' 式に代入して

$$F' = \frac{1}{4\pi\varepsilon} \cdot \frac{1}{r^2}$$

ここで，電荷 1 の仮定をはずして，電荷が Q と q の場合へそれぞ

れ比例させると

$$F' = \frac{1}{4\pi\varepsilon} \cdot \frac{Q \cdot q}{r^2}$$

力は力線の分布に比例するから，力 $F \propto F'$．このときの比例定数を K として

$$F = K \cdot F' = \frac{K}{4\pi\varepsilon} \cdot \frac{Q \cdot q}{r^2}$$

あらためて定数を $\dfrac{K}{4\pi\varepsilon} = \dfrac{1}{4\pi\varepsilon_0}$ とすることで

$$F = \frac{1}{4\pi\varepsilon_0} \cdot \frac{Q \cdot q}{r^2}$$

こうしてクーロンの法則がえられる．つまり力線が描けるとすればこの法則は納得できる．

4.3. 分子間力と距離

距離が遠ざかれば互いに影響する力は減少する．これは分子間に働く力も同じであり，図 4-3 に分子間の距離と相互作用の関係を示した．正の方向が斥力（反発力）を表し，負の方向が引力を表している．横軸は物体間の距離を示し，縦軸は物体間に働くことのできるエネルギー（ポテンシャル）を示している．これまでの章においても説明したとおり，分子は堅いものと考えられ，お互いが近づくと反発する．つまり近距離では斥力が働く．分子どうしが少し離れると電荷の効果による引力が働き，さらに無限大の距離ではほぼ影響がなくなる．実際は複雑な計算の結果えられたものであるが，だいたい図のようなプロファイルになる．これ

は力の特性3)の力の到達距離の回答にもなっている．

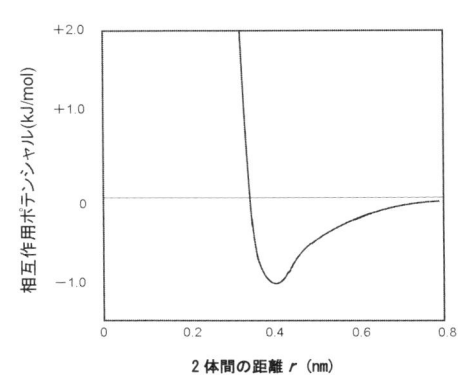

図4-3 分子間相互作用のプロファイル

　分子どうしは外部から力が加わらないときは普段は図のポテンシャルが極小値（$F = -dU/dr = 0$）の位置で一番安定化しており平衡状態にある．グラフにおいて反発力が0以上になるところは剛体として考えることができる距離である．球形として取り扱うことのできる分子では極小値までの分子間の距離は分子の大きさを知るうえで指標となる．非対称な分子ではいくつか異なる分子軸をとることで分子の大きさを評価できる．

4.4. 分子間力を便宜的に分けてみる

　分子間力の起源を完璧に分類することはいまのところ不可能である．分類して総和をとるとダブルカウントなどの原因になる．ここではイメージしやすい便宜的な分類と電荷の幾何学的配置を基準にした分類を示す．

第4章 分子間力の種類

分子間力を便宜的に分ければ

1. 塩橋（イオン結合）
2. 水素結合
3. ファン・デル・ワールス力
4. 「水と油現象」（疎水領域）

に分類される．これは定性的なものであるが図示すれば図 4-4 のようになる．

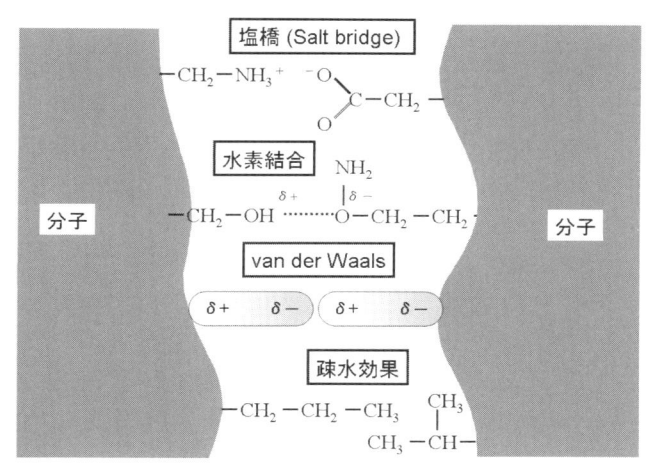

図 4-4 分子間相互作用の種類

1. 塩橋

　帯電した物質間に働く力であり，＋イオンと－イオンのペアがイオン結合により複合体を形成している．Salt Bridge

（塩橋）とも言われる．＋と－に帯電している分子どうしがクーロンの法則により引き合う．

2. 水素結合

水素結合は原子がもつ電気陰性度という性質に起因する．ここでは水素原子は酸素原子より少し＋に帯電する傾向が強いために生じる．図では$\delta+$〔デルタプラス〕とした．酸素原子は水素原子よりマイナスに帯電しやすい．したがってこれらの間に引力が生じる．

3. ファン・デル・ワールス力

ファン・デル・ワールスの気体の状態方程式に寄与する引力に相当し，気体分子の分極効果，回転効果，分散力など考慮した場合，距離の 6 乗に反比例する力が生じる．これを合算したものである．狭い意味での分子間力に相当する．次の 4-5 節の電荷の配置による分類にて再出するが，Keesom 力，Debye 力，London の分散力の 3 種類をトータルしたものである．

4. 疎水領域

マクロの世界においてみられる"水と油"の現象である．水性のものは水性に集まりやすく溶けやすい．一方油性のものは油性どうしであつまりやすく溶けやすい性質がある．ボールペンや絵の具を思い出してほしい．この性質は分子レベルから引き継がれており，炭化水素の分子鎖は疎水性（油性のこと）の高い分子であり，疎水性分子どうしが集まって疎水性領域を形成しやすくなる．

水素結合と疎水領域については特殊な相互作用として生体高分子において重要とされている．これらは先に挙げた分子間力とは別個に議論するほうがよいと思われる．その理由は，①これら

の力はより一般的に力を分類した場合その成分として表せる可能性がある，②これらの力はいずれも水を溶媒としているときに重要な地位を占める，からである．

水素結合

水素結合は北浦・諸熊やクールソン(Charles A. Coulson, 1910-1974)の研究によれば静電気効果・分極効果・電荷移動効果・斥力で説明できるので静電気力・分散力などの複合的な効果と考えられる．このコンポーネント分解にはMorokuma analysisという名前もついている．水素結合はX線解析やNMR解析などで検出することが可能である．また生体では重要な役割をはたしていてデータの蓄積があるので，重要な概念である．また弱い水素結合として，CH/π力なども発見され報告されている．

疎水領域

疎水領域は分子間力ではなく熱力学的な効果であり，なかなか明解な説明が難しいが，現象そのものはポピュラーなものである．生体高分子のタンパク質を構成するアミノ酸では油性溶媒か水性溶媒のどちらかへ多く分配されることを指標に親水性アミノ酸と疎水性アミノ酸を数値で評価できる．このようにアミノ酸の分配が可能なこともあり，実験者には利用価値がある．理論としてはIceberg効果とみなす説明や，非極性分子のロンドン分散力が重要とする報告がある．

水素結合や疎水領域については，これらを分子間力とすることなしに一次的な力で構成できると考えられるが，一方で主体をアミノ酸構造からの予想した水素結合と疎水領域に重きを置いてさらに静電気効果のSalt bridgeの影響を加えた式をつくることで

うまく実験が説明できることもある．水素結合と疎水領域はイメージしやすいうえ実体をうまく説明できるという利点がある．

4.5. 電荷の配置による分類

クーロン力をはじめとする静電気力を考える場合，どのように設定することが望ましいのだろうか．分子と分子の距離，電荷，分極，回転効果，誘導分極，電荷のゆらぎ，スピンなどに依存するが，これらは完全な分類とはいえない．次に代表的な幾何的配置とそのまとめを表に示した．

4.5.1. 電荷を固定した場合
クーロン力（点電荷－点電荷）
前出のとおり．

電荷－双極子
分子は立体的な構造をとり，ある距離で＋と－に分かれているのが普通なので，その配置は図 4-5 のようになり力は双極子－電荷の間に作用する．

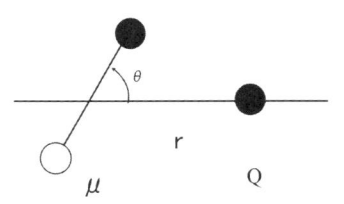

図 4-5　双極子－点電荷の配置図

第4章 分子間力の種類

電荷－回転双極子

分子双極子は時間的な因子を考えれば位置が固定されることは稀でなんらかの回転運動をしているので，回転の効果を考慮すれば図 4-6 のようになり，さらに，双極子－双極子，回転双極子－回転双極子，の状態がある．さらに4つ以上の電荷を持つ分子の場合は4重極子という状態になる，これは延々と8重極子，16重極子，…と続いていく．

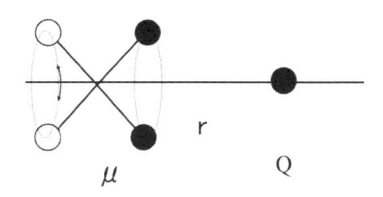

図 4-6 回転双極子－点電荷の配置図

4.5.2. 誘導される電荷の場合

ある電荷が他に影響をおよぼして他分子を分極に誘導するとしよう．電気的に中性である分子も近くにある電荷の影響をうける．これは誘導された双極子と呼ばれ電荷の相互作用を考えると図 4-7 のようになる．これらについても双極子，4重極子，8重極子，…の配置がある．さらに極子の回転の効果をとりいれていく．

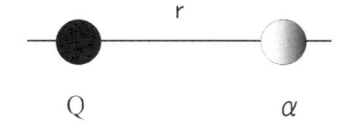

図 4-7 点電荷－誘導電荷の配置図

4.5.3. ロンドンの分散力

分子間に働く力のなかで分散力とよばれるものは，ロンドン(Fritz London, 1900-1954)によって解明された．この力は少し他とは異なっている．それというのもこの計算には時間的に揺らぐ電荷を想定しており，分子の瞬間，瞬間の分極の効果となる．

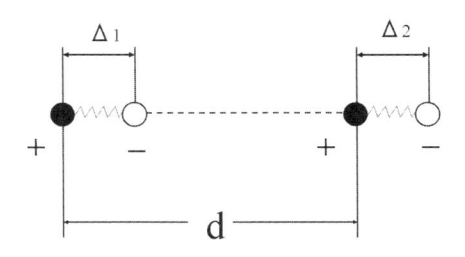

図 4-8　電荷のゆらぎによる分散力の発生

図 4-8 のように単振動によって電荷がゆらいでいると考えると，距離の 6 乗に反比例する力が導かれる．

実際の計算は難しいが，考え方はとても興味深い．問題としている電荷が，他の分子間力では物質に属する静電荷を取り扱っているのに比べて，分散力では時間的にゆらいでいる電荷の分布を考える．平均すれば電荷がない場合でも瞬間，瞬間を考えれば分極しているとみなせる．分子は他の分子を誘起して±の分極を生じさせる．さらにもとの分子の誘起分極を促し，この結果引き合う力が生じる．

コラム：フリッツ・ロンドン

フリッツ・ロンドンはドイツでユダヤ系の家に生まれ育った．この時代の多くのドイツ生まれのユダヤ人と同じように運命に

第4章　分子間力の種類

ほんろう
翻弄された．

　彼が異色なところは大学が文系の出身であることである．当初，哲学を専攻しギムナジウムの教師のかたわらで哲学論文を書いていた．ところがもともと数学が好きだった彼は，当時勃興してきた革命的な科学である「量子論」に興味を抱き，ミュンヘンのゾンマーフェルトのところで研究を開始した．学生のようなものだったので大学に地位はなかった．量子化学における Heitler & London 法，分子間力における London の分散力の論文を発表してからも正式の地位はえられず生活にはずいぶん苦労したようである．パーマネントな職業に就けるのはアメリカに亡命してからで，39歳のときであった．大きな賞ともあまり縁のない生涯をおくり，苦労のためか1954年に54歳で亡くなっている．量子化学の創始者のひとりであり，London 分散力の発見者であり，しかもその後も超伝導・超流動において先駆的な業績をあげている．

　応用分野ではない科学を専攻すると，このような苦しい目にあうのはいつの時代も一緒のようだ．救いは彼がそのような価値観とは無縁なひとであり常に新しい理論を求め続けたことである．『フランダースの犬』の科学者版といえよう．

（参考文献）
- ■　Kostas Gavroglu, *Fritz London*, Cambridge University Press, London, (1995)

4.5.4.　表にまとめれば

　完全な分類は難しいが，ここまで説明してきた静電気由来の一般的な分子間力を表4-1に，①静電気的効果，②分極誘導効果，③分散力，④電荷移動効果，⑤パウリ効果による斥力，⑥相対論的効果，を基準にまとめた．これらは一次的な分子間相互作用力

と考えられる．

表 4-1　一次的な効果としての分子間力の分類

相互作用の形態	由来	相互作用ポテンシャルの距離依存性	備考
電荷－電荷	電荷に由来	$1/r$	Coulomb エネルギー
電荷－双極子		$1/r^2$	
電荷－回転双極子		$1/r^4$	
双極子－回転双極子		$1/r^3$	
回転双極子－回転双極子		$1/r^6$	Keesom エネルギー
電荷－無極性	分極誘導	$1/r^4$	
双極子－無極性		$1/r^6$	
回転双極子－無極性		$1/r^6$	Debye エネルギー
無極性－無極性	電荷のゆらぎ	$1/r^6$	London 分散エネルギー
		$1/r^7$	Casimir－Polder 効果
電荷移動効果	A・・・D と A⁻・・・D⁺ の共鳴構造		
斥力	核どうしの反発	近距離の核間の反発は $1/r$	
	パウリの排他律	電子の斥力は $\exp(-2r/a_0)$ または r^{-12} として表現される	

4.5.5. ファン・デル・ワールス力に注目して

慣用としてファン・デル・ワールス力，水素結合，疎水領域などを想定することがあることは前述のとおりである．またこれらを主成分として計算を行う場合もある．しかしこれらは一般的な静電気からみた分子間力で構成できる．

第4章 分子間力の種類

　狭義の意味で分子間力をファン・デル・ワールス力とみなす場合がある．これはファン・デル・ワールスの気体の状態方程式において分子間力に相当する．極性をもつ気体分子が自由回転できることから3種類の力を合わせてファン・デル・ワールス力としてまとめられる．3つの力とは，①配向力 Keesom 力②分極誘導効果 Debye 力および③London 分散力である．計算すれば極性の高い水－水蒸気においてもかなりよい近似になることが知られている．いずれの分子間力も距離 r の6乗に反比例する．極性のないアルゴン分子の気体では③の分散力のみがファン・デル・ワールス力に寄与する．このようにまとめておくとファン・デル・ワールスの気体の状態方程式の分子間力部分について説明ができる．つまり，3種類の力の寄与が気体分子では大きい．これらの力は r^{-6} の距離依存性をもつものをまとめて考慮したものである．(付録 A, B) に示すが r^{-6} の距離依存性の分子間力を想定することでファン・デル・ワールスの方程式を導くことができる．

　非理想気体の状態方程式では斥力は b の項に現れるが，ポテンシャル式として計算する場合のファン・デル・ワールス力は引力だけではなく，斥力も含める必要性があることから，（斥力）－（配向力＋分極力＋分散力）あるいは単に（斥力）－（分散力）として取り扱われることが多くなる．これらのうちでよく知られているのが Lennard-Jones 式である．r^{-12} の項が斥力を，r^{-6} の項が引力を表す．

$$Lennard-Jones\text{ポテンシャル式}$$

$$U = \frac{A}{r^{12}} - \frac{B}{r^6}$$

　グラフにしたときのプロファイルは近距離で斥力，少し離れて引力となり図 4-3 の分子間力ポテンシャルと距離の関係をほぼ再

現することができる．

4.6. 分子間力の大きさ

ここまで分子間力の由来とその距離依存性について述べてきたが，それらの大きさについて知っておくことは個々の問題を解決するために役に立つ．また，第4章で述べた力の特性2)力の強さ，についての記述になる．

分子が他の分子と複合体を形成できる理由は分子複合体を形成する分子間力エネルギーが分子がおかれている環境のランダムな熱エネルギーより高いからである．ランダムな熱エネルギーはモルあたりで表せば $k_B T$（k_B はボルツマン定数，T は絶対温度）になる．

これを基準にして様々な化学結合を俯瞰してみると表 4-2 のようになる．

表 4-2　分子間力の大きさ（物理化学的分類）

相互作用の種類	kJ/mol	kcal/mol
$k_B T (at 25℃)$	2.5	0.6
共有結合 O-H		110.8
＜分子間力＞		
イオン－イオン	250	
イオン－双極子	15	
双極子－双極子（静止状態）	2	
双極子－双極子（回転状態）	0.3	
ロンドンの分散力	2	

第4章　分子間力の種類

このように $k_B T$ （ランダムな熱力学的エネルギー）や共有結合を含めて分子に関わる力（エネルギー）を比較してみると，個々の分子間力の大きさは非常に弱いことがわかる．生体系では，これらがいくつも集合することで複合的な分子クラスターを形成しており強固な結合になることもある．たとえば1本鎖DNAが2本会合して形成するDNA二重らせん構造はエネルギー的にみれば安定な分子であり，遺伝情報を持っている本体としての役割も納得できる．次に免疫反応において重要な抗原抗体のような複合体などの結合の強さを表4-3に示す．

表4-3　分子間力の大きさ（個々の結合例）

相互作用の種類	*kJ/mol*	*kcal/mol*
共有結合 O-H	≈460	110.8
＜具体的な分子間結合例＞		
水素結合 O-H・・・O-H	20	5.0
Ar と Ar の分散力	1.2	0.28
ポリクロナル抗体	≈60	
モノクロナル抗体	≈45	
レクチン－糖鎖	≈25	
錯体		0.28

さて次章では表4-3にあげた個々の分子の相互作用がどのような役割をはたしているかについて，特に生体内での機能に注目して述べる．生体内で重要な役割を演じる分子と分子の会合の発見の小史でもある．

(参考文献)
- 西尾元宏著,『新版有機化学のための分子間力入門』講談社サイエンティフィック (2008)
  http://www.tim.hi-ho.ne.jp/dionisio/index.html
- J.N.イスラエルアチヴィリ著，近藤保，大島広之共訳,『分子間力と表面力』第2版 朝倉書店 (1992)
- 菅野禮司著,『力とは何か』丸善 (1995)
- London F. "The General Theory of Molecular Forces", Trans. Farady. Soc. 33, 8-26. (1937)
- Margenau H. "Van der Waals Forces", Rev. Mod. Phys. 11, 1-35. (1939)
- Hirschfelder J.O., Curtiss C.F. and Bird R.B. "The Molecular Theory of Gases and Liquids", Wiley, New York (1954)
- 米澤貞次郎，永田親義，加藤博史，今村詮，諸熊奎治共著,『三訂 量子化学入門』化学同人 (1983)
- E. シュポルスキー著，玉木英彦他訳,『原子物理学 I 増訂新版』東京図書 (1985)
- 竹内淳著,『高校数学でわかる マクスウェルの方程式』 講談社ブルーバックス (2002)
- P.W. アトキンス著，千原秀昭訳,『アトキンス 物理化学小辞典』東京化学同人 (1998)

第5章 分子認識化学へ

 前章まで分子間力の発見に繋がる歴史を述べてきた．時代はおよそ20世紀前半までであった．本章の時代は20世紀後半に入る．生体における分子どうしの会合と生理作用を中心にみていこう．ここでは個々の分子の個性が重要である．その前に少し復習してみよう

---

1. 表面張力は物質どうしが作用しあっていると仮定することで説明できる
2. ファン・デル・ワールスの気体の状態方程式は物質間の作用を明らかにした
3. 静電気による分子間力が様々な幾何学的配置において明らかにされてきた
4. ロンドンの分散力は電気的に中性な分子どうしにも時間的な電荷のゆらぎを考慮することで出現する

 ここに述べたことが系統的に進展したわけではないが，まとめれば枠のようになる．このような発見の過程を現時点から眺めれば，えられた知見やそこから派生した知識が次に到来した分野の成立と発展を支えたような気がしてならない．たとえば DNA 二

重らせんモデルは水素結合の概念があってはじめて発想することができる．最近も，話題になった RNA の機能を制御することで生体内の働きをコントロールする RNAi は水素結合によって RNA に特異的に結合する干渉剤(interference)である．

20世紀後半になって生命を対象にした科学が発展してきた．特に分子を基盤にして生命を解明していく手法がいままで複雑すぎてわからなかったことを次々と明らかにしてくれた．

分子生物学の発展に貢献した人々のなかにジャック・モノー (Jacques L. Monod, 1910-1976) というフランスの研究者がいる．彼はその著書『偶然と必然』（みすず書房 1972）のなかで生命を維持していくためには個々の分子間の相互作用が重要であることを述べている．高分子どうしあるいは高分子と低分子の特異的な相互作用が生物をかたちづくり，機能させていると解説している．本書では具体例を挙げながら説明したいと思う．但し，この広い分野を網羅的にとりあげることが難しいのでトピックス的になってしまうことをはじめにご了解いただきたい．

5.1. 生体にとって重要な分子間力

生命現象において分子どうしの特異的結合に出会わないほうがめずらしく，生命系を支えている分野では次のような場面でたびたび遭遇する．

1. 遺伝の機構
2. 免疫系
3. 脳神経系
4. 感覚系
5. 酵素反応一般

第5章 分子認識化学へ

　これらは生きていくうえでの根本的な機能に関わっている．このような分野における発見や，その後の発展は，分子どうしの会合の発見がきっかけとなって大きく解明されてきた事実がある．

　前章で述べたとおり，分子間力の由来はほとんど電磁気的親和性であり，生体分子の会合においても同じである．分子・原子の質量は0ではないので重力も寄与するが，無視できるくらい小さい．会合する物質をXおよびYとした場合，物質XとYの反応による複合体の形成は数学的には「質量作用の法則」として表すことができる．またこのときの結合の強さは熱力学的平衡の概念からギブス（ギブズ）の自由エネルギーとして算出できる．反応式は k_a, k_b を速度定数として

$$[X]+[Y] \underset{k_b}{\overset{k_a}{\rightleftarrows}} [XY]$$

とあらわせる．ここで平衡状態の場合に結合定数

$$K_A = \frac{k_a}{k_b}$$

が決まる．この式は厳密には熱力学の法則から導ける式であるが，簡単には反応速度論から求めることができる．1863年にノルウェーの化学者グルベル(Cato Maximilian Guldberg, 1836-1902)とヴォーゲ(Peter Waage, 1833-1900)が質量作用の法則(Law of Mass Action)をはじめて提唱した．化学反応のモデルとしてA分子とB分子が反応して新しいC分子とD分子が生成する場合を考えてみよう．物質の濃度を[ ]として

$$[A]+[B] \underset{k_b}{\overset{k_a}{\rightleftarrows}} [C]+[D]$$

この反応の速度を考える．化学反応の速度は分子 A と分子 B との衝突回数に比例すると考えられる．衝突の回数はそれぞれの分子・原子の密度に比例する．ものとものがぶつかる回数はその密度に比例する．したがって右向きの反応速度は濃度の積で表される．

$$v_1 = k_1 [A][B]$$

同様に左向きの速度は

$$v_2 = k_2 [C][D]$$

となる．平衡状態では右向きと左向きの反応速度が等しいことから

$$v_1 = v_2$$

すなわち

$$k_1 [A][B] = k_2 [C][D]$$

これは平衡状態で k_1/k_2 という定数が存在することを示しており，その定数比は

$$\frac{k_1}{k_2} = \frac{[C][D]}{[A][B]}$$

となる．実は，この比は化学平衡における平衡定数の K となる．この平衡定数を使うと，生体における反応の向きや，様々な相互作用の強さを評価できるようになる．たとえば，X 物質と Y 物質から複合体 XY が形成される反応は

第 5 章　分子認識化学へ

$$[X]+[Y] \underset{k_b}{\overset{k_a}{\rightleftarrows}} [XY]$$

となり，反応が $K = k_a/k_b \gg 1$ ならば複合体 XY の結合が強固であることを示しており，一方，$K = k_a/k_b \ll 1$ ならば解離状態に反応が傾いており複合体の結合が弱いことを示している．具体的な数値で表せば表 5-1 のようになる．

表 5-1　各種の結合の比較

相互作用の種類	kJ/mol	kcal/mol	Kd
$k_B T$(at 25 ℃)	2.5	0.6	
イオン－イオン（塩橋）	250		
イオン－双極子	15		
双極子－双極子（静止状態）	2		
双極子－双極子（回転状態）	0.3		
ロンドンの分散力	2		
＜具体的な結合例＞			
共有結合 O-H		110.8	10^{-60} M
水素結合 O-H・・・O-H	20	5.0	10^{-1} M
Ar と Ar の分散力	1.2	0.28	
アビジン－ビオチン系			10^{-15} M
ポリクロナル抗体			$10^{-11} \sim 10^{-9}$ M

モノクロナル抗体		$10^{-9} \sim 10^{-7}$ M
レクチン－糖鎖		$10^{-5} \sim 10^{-4}$ M
錯体	0.28	$10^{-8} \sim 10^{-2}$ M

表のなかのアビジン－ビオチンの複合体は生物体内で最も結合力の強い2分子の組み合わせとして知られており，ほとんど不可逆な反応である．平衡状態において10のマイナス15乗の解離定数は独立した分子が1個ずつ存在する状況において複合体が千兆(10^{15})の数だけあることを示している．表中のレクチンと糖鎖の結合は他の生体内の複合体形成と比べて弱い結合といえるが，機能的には生体防御機構の自然免疫機構において重要な役割を演じている．生体で特徴的なことは一般に分子間力のあらわれとして集団的に結合がみられるところにある（1個1個は弱すぎて検出できないが）．一対の橋渡しでは弱い構造しかできないが，生体の高分子では結合が密集して強固な複合体や超分子を形成する．たとえば，DNA二重らせん構造は塩基対がいくつも水素結合でつながることによって高分子構造を維持している．

5.2. 遺伝の機構

20世紀後半の生命科学の急速な発展は，1953年に発表されたDNA二重らせんに関する，ワトソンとクリック(Francis H.C. Crick, 1916-2004)による論文からといってもよい．彼らは，核酸分子の塩基が対になってDNA二重らせん構造を形成するモデルを提唱し，生命に必要な情報を格納するハードがこの核酸の分子対が鎖のようにつながった高分子にあることを示したが，彼らより前に

第5章 分子認識化学へ

も遺伝の機構とその分子について考えを述べたひとはいた．一夜にしてワトソン・クリックモデルができたわけではない．

　量子力学の創立者のひとりであったシュレーディンガー(Erwin Schrödinger, 1887-1961)という有名な物理学者は生命科学にも興味を抱いており，ダブリンにおける講演を基にした『生命とはなにか』という著書を出版している．ここで，生命が最も生命であるゆえんは自己複製機能であり，この遺伝の機構を保つためには極めて安定な高分子である必要性を説いている．なぜなら低分子では細胞内でブラウン運動をするため，その可動性のために安定な生命活動はできないと考えられるからである．シュレーディンガー自身は遺伝子物質の本体についてはデータもない時代であったので他の多くの研究者と同様に蛋白質を想定していたようである．

　このような想像や推測のできる，ある意味で楽しい時代はすぐに過ぎ去ってしまう．この分野の発展はすぐ後ろに迫っていた．シュレーディンガーの本の出版から1年も経たないうちにエーヴリ(Oswald T. Avery, 1877-1955)によって核酸が肺炎そう球菌の形質を決めることが発表され，核酸が遺伝子であることが明らかになった．さらにシャルガフ(Erwin Chargaff, 1905-2002)という米国の研究者が1950年に，核酸のアデニン(A)とチミン(T)およびグアニン(G)とシトシン(C)の生体内での存在比率が1：1になっていることを明らかにした．これはAとT, GとCが対となることを意味している．新しくえられたデータは遺伝子の本体が蛋白質ではなく核酸であることを示していた．遺伝子構造の解明の競争には有名な化学者のライナス・ポーリング(Linus Pauling, 1901-1994)などもモデルをつくり挑戦していたが，最終的に若い2人の研究者，ワトソンとクリック(1953)が合理的で美しいモデルを提唱した．

この構造のポイントは核酸分子のなかの塩基構造が対になって水素結合を形成しているところにある．アデニンはチミンとグアニンはシトシンとペアをつくる．A-T の対は 2 本の G-C の対は 3 本の水素結合でリンクしている（図 5-1）．

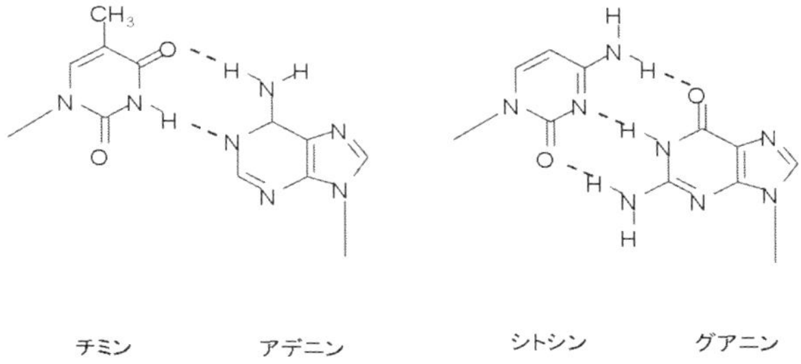

チミン　　　　アデニン　　　　　シトシン　　　　グアニン

図 5-1　塩基対構造．破線が水素結合を表し塩基対を安定化する．

デオキシリボ核酸(Deoxyribonucleic acid：DNA)は核酸の対をつくりながらとなりの核酸分子と共有結合していくことで二重らせん構造を形成する．2 本のらせん高分子は相補的な関係にあるため，どちらからでも片方を複製することが可能である．これは遺伝子であるための必要条件を満たしている．

結晶ではなかったが，遺伝子はたしかにシュレーディンガーの予想どおり非周期性の安定な高分子であった．この塩基の一次元配列のなかに生命を司る情報が組み込まれている．情報が子孫に伝わっていくのはこの DNA 二重らせんが少しずつほどけ，その部分を酵素が読み取り，新しいコピーDNA をつくるからである．

第5章 分子認識化学へ

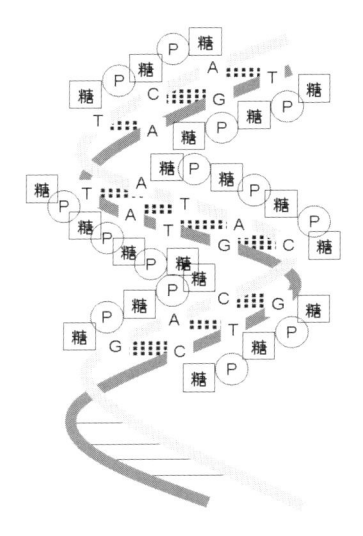

図 5-2 DNA 二重らせん構造

またわれわれの普段の生活も，DNA の設計図にしたがって，生活のための代謝を行っている．これはセントラルドグマと呼ばれるしくみである．図 5-3 のように DNA の塩基配列を DNA dependent RNA polymerase が読み取り mRNA（メッセンジャーRNA）に情報を転写する．mRNA は細胞のリボゾーム上でアミノ酸とつながった tRNA(トランスファーRNA)と 3 つの塩基配列ごとに対を形成して情報を読み取る（翻訳）．そして tRNA 分子の一方にあるアミノ酸が縮合反応で鎖のように繋がっていく．蛋白質の合成の過程である．

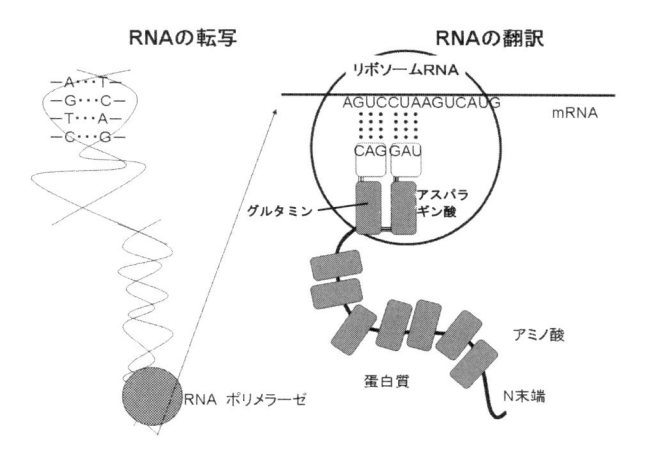

図 5-3 蛋白質合成．セントラルドグマ．
点線は水素結合をあらわす．

　このようにして合成されたタンパク質は機能的には酵素，抗体，生体構成成分となり一個の生命ができあがる．図における点線（…）が水素結合を示しており，生命を担う情報がこの結合により維持され正確に転写・翻訳されていく．分子間にはたらく一個一個の水素結合はここでは情報の保持と複写に関わっている．一個一個の結合は共有結合などに比較すればたいへん弱いものであるが，これが簡単にはずれることでコピーを容易にしており，光や放射線，有害物質による DNA の破損に対する修復も比較的小さいエネルギーで可能にするという利点がある．一方，分子複合体としての二重らせんはたくさんの水素結合から形成される安定な分子である．

5.3. 免疫系

免疫の機構については拙著『抗体科学入門』（工学社）において述べたので詳細はそちらを参考にして頂きたいが，近年，ヒトの免疫機構は，自然免疫と獲得免疫（液性免疫＋細胞性免疫）という2つの行程から成り立っていることが明らかになった．いずれの反応も高分子間どうしの特異的な結合をベースにした反応である．免疫の機構は自分が持たない分子を見つけて攻撃することが基本である．最初に，自分が持たない異なった分子に結合するのは Toll-like receptor と呼ばれる分子群であり，これが細胞表面において防波堤のような役目をはたす．2段目に遺伝子の組み換えを行って異物の分子に特異的に結合するようにつくられるのが，抗体とT細胞リセプター(T Cell Receptor)である．これらの蛋白質は入ってきた抗原をつかまえることができるようにデザインされている．これに1〜2週間くらいかかる．細菌のような細胞内まで侵入しない感染に対しては液性免疫の抗体が活躍し，主にウイルスや結核菌などの細胞内へ入ってくる異物にたいしてはTCRが結合する．特異的に結合して排除するように働き自分自身を感染から守っている．免疫と呼ばれる異物の認識機構および排除機構は弱い分子間の結合を基にしている．

5.4. 脳神経系

動物は脳・神経系において外部からの出来事を判断し，筋肉を動かすなどの活動を行っている．動物の毎日は脳・神経系が情報を受けて判断をおこない，適切な行動をおこすことにかかっている．シグナルの処理は脳・神経系がつかさどっている．動物の体内にてシグナルの伝達はどのようにおこなわれるのであろうか．

信号の伝わり方には電気的信号と化学的信号の 2 種類がある．図 5-4 に示すように神経線維の軸策の部位での伝導は活動電位（インパルス）という電気信号の変化でおこなわれる．もともと神経細胞はマイナスの電位をもっているが，興奮性の情報が入ったときは細胞膜上のチャネル蛋白質のゲートが開いてプラスの荷電をもつナトリウムイオンやカルシウムイオンを細胞内に取り込む．これが細胞内外の電位を＋方向に変化させる．つまり脱分極によるインパルスが生じる．この電位変化は伝導方向にある次の蛋白質のチャネルをひらきインパルスが次々と軸策を伝わる．これは興奮性の信号の伝達である．一方，抑制性の信号の場合はマイナスの電位をさらにマイナス方向に分極させる．これはマイナスイオンチャネルのゲートが開きクロライドイオンが細胞内に取り込まれることで，過分極の電位変化としてえられる．

　神経細胞どうしの間はどのようになっているのだろうか．隣り合わせの神経線維間にはシナプスとよばれる間隙がある．一方から放出された化学物質が他方で受容されるという形態でシグナルが伝わる．「神経は神経細胞が多数集まってかたちづくられており，神経線維どうしが結合したものである」と習うが，実はこの知見には長い論争があった．

　19世紀後半まで神経は 1 本の網のような構造でつながっていると考えられていた．信号が伝わる細胞器官であるから電線みたいに一本で成り立っていると考えるのが普通である．これは「網状説」といって神経線維が互いにつながって網を形成しているという説である．神経軸策や側枝は細胞融合しており多核の細胞を形成し一本の神経線維として伝達機能を満たすというものである．

第5章 分子認識化学へ

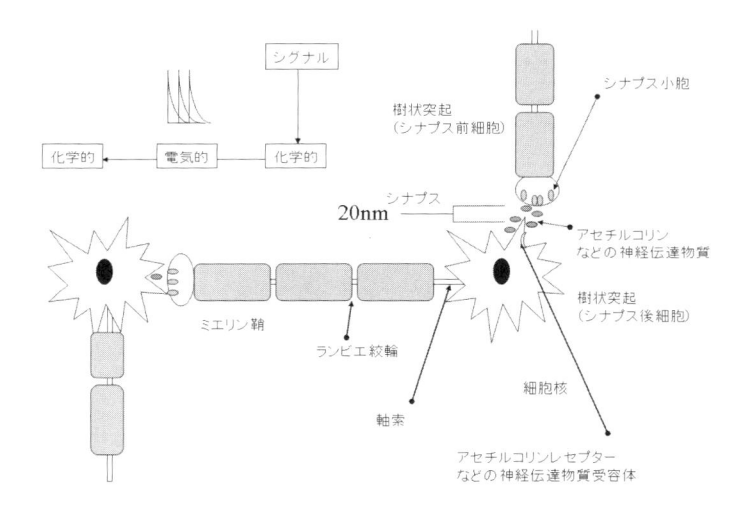

図5-4 神経における信号の伝わり方

これに対してスペインの新進の病理・組織学者のラモン・イ・カハール(Santiago Ramon y Cajal, 1852-1934)は綿密で膨大な研究により神経は独立した数多くの神経細胞が結合した集合体であることを証明した（ニューロン説）．カハールはその証明方法にゴルジ染色という細胞を特異的に染めることのできる技術を使った．ここからは話はややこしくなる．ゴルジ染色とはイタリアの病理学者のカミロ・ゴルジが開発したものであるが，細胞微小器官のゴルジ体に名前を残しているとおりゴルジは当時すでにこの分野のリーダーであり非常に影響力があった．ゴルジは神経が一本の融合細胞で成り立つという「網状説」の推進者であった．このような食い違いはゴルジ染色が不安定であり開発者の手にも負えない代物だったことに起因している．カハールはその不安

定さを乗り越えるために，材料の選択に工夫をこらして染色を行い，神経が神経細胞単位（ニューロン）で構成されるとの結果を得た．さらに確証をえるために後にエールリヒが開発したメチレンブルー染色法という手法を用いた．この努力のおかげで「ニューロン説」への賛同者が増えていった．

　1906年にカハールはゴルジと共にノーベル賞を組織病理学者としてはじめて受賞するが「網状説」の執拗な反論はその後も続いた．最終的に決着するのは電顕により否定できない像がえられた1950年代になる．この頃には後膜にあるリセプター分子の存在も電顕の技術によってはっきりしていた．

　カハール・ゴルジの論争の時代には仮に神経が"ニューロン"の多細胞の集合だとしてもお互いの間隙をどのように情報が伝わるのかについては依然謎のままであった．神経細胞（ニューロン）の結合部位はシナプスと呼ばれ約20 nmの間隙があり，シナプス間隙と呼ばれている．この間の伝達が化学物質の放出と受容によって行われることを最初に示したのは英国の医学生のエリオット(Thomas Renton Elliott, 1877-1961)であった．彼はアドレナリンが平滑筋に交感神経と同じ役目をすることを1904年の学会で発表した．しかし当時神経のニューロン説自体が確立されておらず学会や身近なひとにも受け入れられることなく臨床家の道を歩んだ．その後の発展はこの仕事に興味をいだいた研究者たちにより行われた．

　エリオットと親交のあった英国の薬理学者デール(Henry Hallett Dale, 1875-1968)とオーストリアの生理学者オットー・レーヴィー（ローイ）(Otto Loewi, 1873-1961)である．デールは1910年にノルアドレナリンが交感神経と同じ役割をしていることをネコの血圧変化の測定にて見出した．レーヴィーは1921年に化学物質

第 5 章　分子認識化学へ

が心臓の心拍数を制限することを発見した．神経をつけたままのカエルの心臓を 2 つ用意して液漕で心臓の脈動の実験を行った．リンゲル液に浸しておくと心臓の鼓動は 2－3 日続く．迷走神経のついているほうへ電気刺激を行うと鼓動が抑制される．このリンゲル液を電気刺激を行っていない心臓の漕に入れる．すると神経を電気刺激していないにも拘わらず液体の添加により鼓動がゆっくりしはじめた．この実験は電気刺激に替わる伝達物質があることを示しており，心筋の働きを制御する神経伝達物質として理解できる．この物質がアセチルコリンであることを決定したのは共同研究者のデールであり，1936 年のことであった．その後多くの化学物質が神経伝達物質として発見された．

　間隙付近でのシグナルは図 5-4 のように神経軸策からの電位変化がシナプス前膜付近の細胞質にあるシナプス小胞（滑走面小胞体の一種）からの分泌物質に変換され，さらに分泌物質が受容体のあるシナプス後膜にたどり着く．これによって後膜リセプターであるイオンチャネルが開き普段分極している細胞内外にインパルスという電位変化が生じる．これが繰り返され脳まで信号が伝わる．シナプス間隙における伝達はこのように低分子でリガンドと呼ばれる物質と蛋白質のリセプターとの結合によっておこなわれる．

　現在，知られている神経伝達物質を化学構造から分類すれば，①アミノ酸伝達物質，②モノアミン伝達物質，③ペプチド，④その他，になる．これらをまとめたのが表 5-2 である．役割などはまだ正確にわかっていない物質が多くこれからの課題である．

表 5-2　神経伝達物質

構造からの分類	物質名	特徴	活性など
アミノ酸伝達物質	グルタミン酸	興奮性伝達物質	記憶に関与？
	アスパラギン酸	興奮性伝達物質	
	グリシン	抑制性伝達物質	
	γ-アミノ酪酸 (GABA)	抑制性伝達物質	Cl^-イオンチャネルの活性化．過分極の誘導
モノアミン系伝達物質	ドーパミン	中脳に集中	欠乏するとパーキンソン病？
	ノルエピネフリン(ノルアドレナリン)		
	エピネフリン(アドレナリン)		血圧の調節？
	セロトニン	脳内に存在	体温調節，感覚知覚，睡眠に関与？
	アセチルコリン		筋肉の作用　心拍数の減少
ペプチド系	バソプレッシンとオキシトシン		
	タキニンペプチド群	アミノ酸配列の-F*GLM-が共通	
	サブスタンスP (タキニンペプチド群)	アミノ酸配列に-F*GLM-を有する	血圧上昇作用　ハンチントン病にて濃度減少
	VIP (グルカゴン関連ペプチド)		
	膵ポリペプチド関連ペプチド		
ペプチド系	オピオイドペプチド		鎮痛効果
気体	酸化窒素，一酸化炭素，硫化水素		短い距離を短時間で情報を伝える

第 5 章　分子認識化学へ

| 脂肪酸 | アナンダミド | | マリファナレセプター（？） |

　一方，神経伝達物質を受け取る側の構造はどうなっているのであろうか．この受容体については表 5-3 にあげた 2 種類のタイプがよく知られている．ひとつはイオンチャネルの機能をもつ受容体であり，もうひとつは，セカンドメッセンジャー分子により情報伝達する G 蛋白質とカップリングしていることから，G 蛋白質共役型受容体と呼ばれる蛋白分子である．神経伝達物質と受容体の組み合わせは普通 1：1 ではなく 1 種類の受容体が多種類の神経伝達物質に対応する．

表 5-3　神経伝達物質受容体

神経受容体の型	構造的特徴	リガンド	機能
イオンチャネル	4〜5 個の蛋白質サブユニットが細胞膜において構造体を形成	ニコチン様アセチルコリン，グルタミン酸，GABA，グリシン，セロトニン	イオンチャネルをひらき興奮性(Na^+ channel)または抑制性(Cl^- channel))のインパルスの発生
G 蛋白質共役型受容体	7 回膜貫通部位をもつ分子	グルタミン酸，GABA，カテコールアミン類，ムスカリン様アセチルコリン，セロトニンの大部分，ペプチド物質	G 蛋白質をリン酸化して情報を次に伝達する．信号の増幅など．イオンチャネルに比べ利用頻度は少ない．

　受容体の G 蛋白質共役型受容体は頻度が少ないことが知られているがこれは分子の数が少ないからである．
　神経伝達はシナプスがあるためにいつも情報は一方向に限定

される．中枢神経に向かう向心性か，脳から信号が出て末梢神経へ伝わる遠心性かのいずれかである．ニューロンを使った実にうまくできたネットワーク機構といえるのであるが，その精巧さゆえにシナプスにおける不調は様々な精神・神経疾患の原因にもなっている．神経伝達物質とリセプターの作用を調節する様々な薬剤が開発されている．

コラム　神経伝達物質の再取り込み阻害剤はうつ病に効く

　神経伝達物質は後膜のリセプターと結合して信号を伝える．セロトニンという神経伝達物質は量が少なくなると「うつ」状態になるとされている．セロトニンは後膜リセプターに結合したのちそこから離れ前膜に再度とり込まれて，神経伝達物質として再利用される．この再取り込みを阻害することでシナプス間隙でのセロトニンの濃度低下を防ぐことができる．現在「うつ」に効くとされる医薬品のうちかなりの数がこの原理（選択的セロトニン取り込み阻害剤：SSRI ; Selective Serotonin Reuptake Inhibitor）を応用している．

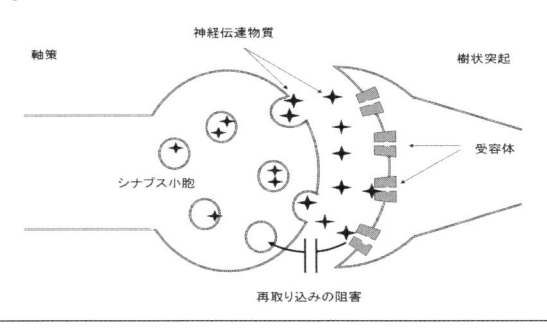

第 5 章　分子認識化学へ

5.5.　感覚系

　生物は様々な情報を外から取り込み，それを判断して行動する．情報は神経を介して脳まで伝わる．まず外からの情報は感覚としてもたらされる．主な感覚としては視覚，聴覚，触覚，平衡感覚，味覚，嗅覚，などがあり，それぞれの感覚を検知するためにヒトでは網膜，蝸牛官，前庭器官，皮膚・内臓，舌，嗅上皮，の器官が対応している．このような感覚器では刺激そのものを感知するだけではなく，刺激のもつ属性まで検出できるようになっている．たとえば音ならば音そのものだけでなく音程とか音色の違いまでわかるようになっている．これが生きる上で都合よく働く．また入力信号の属性を感じとれるからこそ芸術が成り立つ．食べ物が単にエネルギーとしか感じられなかったらグルメという人たちはいなくなってしまう．われわれの生活を豊かにしてくれるこれらの情報のうち化学物質を仲介（メディエーター）とする感覚は味覚と嗅覚である．分子量の小さい化学物質はリガンド(Ligand)と呼ばれ，情報を受け取る側はリセプター(Receptor) と呼ばれる．味や匂いなどの感覚の受容機構はどのようになっているのであろうか．

5.5.1.　味覚

　そもそも味は何種類あるのだろうか．味覚は生理学上では5種類に分類できる．甘味，塩味，酸味，苦味，うま味，である．この話をするとたぶん「えっ」という方がおられるだろう．「辛い」という感覚はどこにいったのだろうか？　トウガラシやわさびの辛さは味ではないのであろうか．実は辛いという感覚は生理学では味覚とは区別されているのである．厳密な意味で辛いという

感覚は触覚，温度感覚，痛覚と同様の体性感覚である．5 つの基本味は大部分が舌のうえにある味蕾(みらい)と呼ばれる器官で感じ取られる（哺乳類）．一部はのどやあごにも味蕾が存在する．食べ物の味はここから味覚神経を伝わり脳まで信号が届く．一方，辛いという感覚は舌の表面を含めた体表にある受容体を通して体性感覚神経（三叉神経）を通して延髄に伝わる．したがって味覚とは伝達経路が異なる．英語で辛いはHotと表現されるがこれに近いのである．舌には抹消神経が数多く集まっているので体表より敏感であるが，味覚とは区別される．トウガラシの辛味成分はカプサイシンであるが，これは体表のバニロイド受容体に結合する．この受容体はカプサイシン受容という機能がある一方で，43 ℃以上になると同様に活性化される熱刺激受容体であり，2 役をになうことが知られている．一方わさびの辛み成分はアリルイソチオシアネートである．これは受容体が異なっており TRPA1 という蛋白質が対応する．延髄では辛さは主知覚核，脊髄路核，孤立束核に入る．孤立束核では他の味覚と融合される．脳では他の味と複合的に判断されるが，辛さを感じるリセプターは体性感覚と同じであり，伝わる経路も体性感覚である．

さて話がそれたが，5 つの基本の味覚は味蕾にあるリセプター分子から味覚神経に伝わる．味覚の種類，味物質とそのリセプターの種類は表 5-4 のとおりである．

表 5-4 味覚に対応するレセプターと代表的な味物質
Chandrashekar J. et al. Nature 444, 288-294 (2006) 等を参考に作成．

味覚	感知する リセプター分子	同類の味覚分子	味覚分子種
甘み (Sweet)	T1R2+T1R3	糖質	スクロース（蔗糖），フルクトース（果糖），グルコース，マルトース

第5章 分子認識化学へ

		人工甘味料	サッカリン, シクラメート, アスパルテーム, アセスルファム K
		D型アミノ酸	D-フェニルアラニン, D-アラニン, D-セリン, いくつかのL型アミノ酸
		甘味蛋白質	モネリン, タウマチン, クルクリン, ブラゼイン
苦み (Bitter)	T2R5		シクロヘキシミド
	T2R8,T2R4,T2R44		デナトニウム
	T2R16		サリシン
	T2R38		フェニルチオカルバミド
	T2R43,T2R44		サッカリン
	未同定	毒物や化合物	キニーネ, ストリキニーネ, アトロピン
酸味 (Sour)	PKD2L1 MDEG1	酸類＝水素イオン (H^+)	塩酸, 酢酸, クエン酸, 酒石酸
旨味 (Umami)	T1R1+T1R3	アミノ酸	L-グルタミン, グリシン, その他のL型アミノ酸
		ヌクレオチド味増強物質	イノシン酸
塩味 (Salty)	ENaC（イオンチャネル）		NaCl

　おもしろいのは，うまみという日本語が英語として Umami で通じることである．

　味覚の情報は，食物のなかにある味の原因となる分子と舌の味

蕾に存在するリセプター分子が分子間に働く力を介して結合し，その刺激が神経を通して脳へ伝えられる．5 つの基本味の種類によって受容体は異なり，脳において判断されるところ，および記憶されるところも異なる．リセプターはアミノ酸がたくさん鎖のようにつながったタンパク質である．この分子のポケットのようなところに味覚物質がフィッティングする．味覚の種類による快・不快は主観がはいる．特に年齢が上昇してくると味覚も変化する．子供時代はビールやコーヒーなど苦くて受け付けなかった味も，年齢によって感じ方が異なることもある．個人差もあり，味覚は主観的なものであるが，実は味覚は生命の維持と密接に関係している．甘味を引きおこす物質は主に糖類である．糖類はエネルギー源であり生体に必須である．多くのアミノ酸も人体の構成成分・酵素・抗体の蛋白質のもとになる分子なので甘みがある．うまみを最も誘導するグルタミン酸は，アミノ酸のなかで人体での使用頻度が最も高い分子であり，蛋白質の成分である．塩味の要因であるイオンは人体の恒常性を保つのに必須である．一方，苦味と酸味を出す物質は生体にとって毒物であることが多く人体に有害である．

味覚物質はリセプターに結合した後はつぎの 2 経路によって味覚神経まで情報が伝わる．神経と同じようにリセプターにはイオンチャネルと G 蛋白質共役型受容体があり，経路①はイオンチャネルの開放→脱分極→カルシウムチャネル開放→小胞体の神経伝達物質の分泌，経路②は G 蛋白共役型受容体→セカンドメッセンジャー→細胞内のカルシウムの濃度上昇→小胞体の神経伝達物質の分泌である．

神経線維に生じたインパルスは舌咽神経，鼓索神経，迷走神経などを伝わって延髄の孤束核に入り大脳皮質まで伝わる．大脳で

は味の識別や体制感覚との総合的な判断が行われる．味の記憶などはどこにあるのかまだよくわかっていない．これは匂いについても同様である．

5.5.2. 嗅覚

哺乳類が匂いを感じる分子は 40 万種類以上あるとされる．この分子を感じる器官はヒトでは嗅上皮であり，ラットでは嗅上皮と鋤鼻器官の2ヶ所ある．匂い分子は水に溶ける必要があるので親水性の部分を有し，一方空中飛散という性質から揮発性分子という条件も満たす必要がある．普通は親水性と疎水性の部位を有する両親媒性の物質からなる．

匂いの研究で歴史が古いのはフェロモンの研究である．フェロモン(Pheromon)とはギリシャ語のPherin（運ぶ）とHorman（刺激する）を足し合わせた造語である．19世紀後半，当時はフェロモンとは呼ばれていなかったが，その存在が既にファーブル(Jean H. Fabre, 1823-1915)によって語られている．有名な『ファーブル昆虫記』(1904)のなかで，ふしぎな蛾の行動が記されている．揮発性の物質が生理活性をひきおこすのではということを想定して検証（実験）をしたのもファーブルが最初であろう．ファーブルは南フランスに生まれ苦学をしながら学位を取得し，その後教師をしながら60年間昆虫の観察を行った．今読み返しても，いろいろな実験やその推理には教えられるところがある．

ファーブル研究で有名な奥本大三郎編・訳の『ファーブル昆虫記3』（集英社文庫　pp.187-192）において，蛾の一種ではオスの蛾が夜間でもメスに誘導されて飛んでくることが書かれている．「オオクジャクヤママユ蛾の夜」では，この蛾のメスがふ化した晩に十匹の蛾がメスの部屋に集まり，さらに十匹が家まで到着し

ていたことが報告されている．集合した蛾はすべてオスであり，視界の悪い夜間を2-3km飛行してきた．さらにファーブルはこの誘引の原因が何であるかを突き止めようとした．視覚ではないことはこのできごとが夜間であったことからすぐにわかった（いまだと赤外線の可能性を否定することができないが…）．いずれにしてもオスがメスを見て行動しているのではないということは距離が離れていることからわかる．そこでファーブルは電磁波あるいは匂いという仮説を立てて実験したところ，触覚を脱落させることで能力がなくなること，さらにガラスの覆いの中にメスを閉じ込めるとこのオスの誘引という現象が生じないことから，人間が感じない匂いを感知しているのであろうという結論に達した．

この不思議な話に多くの化学者は魅了されたようである．この空中飛散物質を突き止めたのは1930年代後半から20年間粘った有機化学者であった．1959年にドイツ有機化学者ブーテナント(Adolf F.J. Butenandt, 1903-1995)が初めてその精製に成功してその活性を確かめた．ブーテナントは日本産のカイコガ(*Bombyx mori*)のメスが出すオス誘引物質をカイコ約120万個のまゆ（120ではありません）からはじめて最終的に12mg精製し構造を決定した．この物質はカイコの学名にちなんでボンビコールと名付けられた．ボンビコールの正式名称は 10*E*,12*Z*-hexadeca-10,12-dien-1-ol である．図5-5にその構造を示したが，10*E*は10番目の炭素にある二重結合でseq-trans構造(順位則上位基異方向)，12*Z*は12番目の炭素にある二重結合でseq-cis構造(順位則上位基同方向)，hexaは6，decaは10，よってhexadecaは16の炭素原子があること，10,12-dienは10,12番目の炭素の場所に二重結合があること，1-olは1番目の炭素にヒドロキシル基(−OH)があることを示している．

第 5 章　分子認識化学へ

　ボンビコールを受け取る側つまり受容体は G 蛋白質共役型受容体であり最近日本人研究者(Sakurai T., et al. 2004)によって同定された．さらに生理学的濃度における活性も確認され受容体がオスの触覚に特異的に発現していることもわかってきた(Nakagawa T., et al. 2005)．それらを簡単に示したのが図 5-5 である．

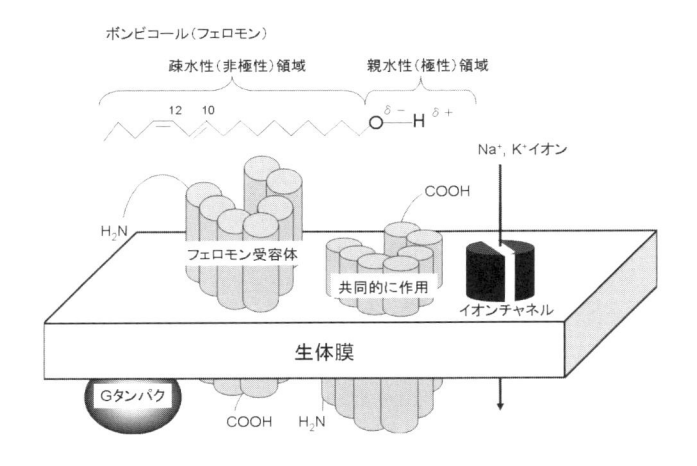

図 5-5　ボンビコールの受容メカニズム

　メスからボンビコールが発せられると，空中に飛散した分子がオスの触覚にある嗅覚受容細胞のフェロモン受容体に結合する．フェロモン受容体といっしょに共同的に働く蛋白質が発現しており，高感度で分子を捕獲する．分子は G 蛋白からのセンカンドメッセンジャーの放出または直接イオンチャネルに作用することで神経の膜電位を脱分極する．情報は一次中枢の触覚葉でバーコードのように電気信号化され昆虫の前大脳側部へ伝わりメスを求めるという一連の行動を誘発する．

匂いと受容体の結合で重要なのは疎水部による作用とされる．図 5-5 のようにボンビコール分子の中心は疎水性有機物質であり受容体タンパク質の疎水部分と親和性が高いことがわかる．匂いの生理活性が分子の疎水性の度合いに比例するとの報告がある．また，ボンビコールは端に荷電を持ち水素結合や静電気効果によって水に溶けやすい．これらは匂い物質の条件である水溶性をみたす．中心の炭化水素は揮発性に富むという条件をみたす．リセプターに結合するためには水に溶ける物質であること，また空中に漂い匂いになるためには揮発性であることが必要である．

ボンビコールは昆虫の性フェロモンの一種であるが，ほかにもたくさんの物質が現在知られている．また性フェロモンばかりではなく様々な昆虫の社会的な行動について関与するフェロモンがあることがわかっている．いくつかは『ファーブル昆虫記』にも記載があり，現在，警報フェロモンとして知られている物質のことも語られている．例えばアリマキは危機に陥ったときになにか物質を出しているらしいことが記されている．アリマキはヒラタアブに食べられてしまうときに仲間に何か知らせているようである．機能面からフェロモンは

1. 性フェロモン
2. 警報フェロモン
3. 集合フェロモン
4. 道しるべフェロモン
5. 産卵誘発・抑制フェロモン
6. マークフェロモン（テリトリー要所のチェック）

などの種類があることが報告されている．昆虫個体どうしのコミュニケーションをフェロモンが介している．

第5章 分子認識化学へ

5.6. 酵素反応

　酵素はあらゆる臓器で働いており，生体の反応は酵素反応によってすすめられる．

　反応は酵素タンパク質が触媒する相手分子を探すことから始まる．この分子は基質と呼ばれ，酵素が特定の部位（活性中心）で特異的に捕獲する．基質を捕獲できるのは酵素との間にイオン結合，水素結合，分散力などが働くからである．

　ここでは酵素が分子の細部を認識している例をみてみよう．たとえばグルコース（ブドウ糖）が重合してできたグリコーゲンまたはデンプンは生物にとってはエネルギー源である．これを体内で利用するためには消化酵素で分子を断片化する必要がある．この分解酵素には α-アミラーゼ(EC3.3.1.1)，β-アミラーゼ(EC3.2.1.2)，グルコアミラーゼ(EC3.2.1.3)，イソアミラーゼ(EC3.2.1.68)，プルラナーゼ(EC3.2.1.41) がある．

　図 5-6 に示したように，α-アミラーゼ，β-アミラーゼ，は α-1,4 グルコシド結合を切り，イソアミラーゼ，プルラナーゼは糖鎖の分枝部分の α-1,6 グルコシド結合を切る．グルコアミラーゼは α-1,4 α-1,6 の両方のグルコシド結合を切る．α-1,4 グルコシド結合を切る酵素である α-アミラーゼ，β-アミラーゼ，グルコアミラーゼの違いは：α 型が α-1,4 グルコシド結合を任意の部位にて切り多糖またはオリゴ糖を生成し，β 型が糖鎖の端の一方（この場合非還元末端）から α-1,4 グルコシド結合を 2 糖ずつマルトース単位にしてはずしていき，グルコアミラーゼは α-1,4 グルコシド結合を非還元末端から単糖（ブドウ糖）にして切り出していく．このように同じ α-1,4 グルコシド結合を切る酵素でありながら 3

種類の切り出し方がある．このことは酵素が基質分子を切断する部位の細部まで認識できることを示している．

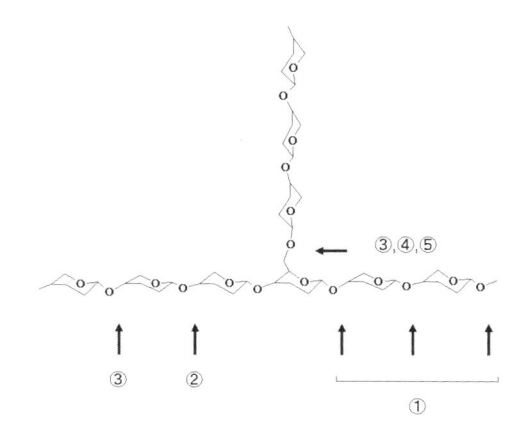

図 5-6 アミラーゼによるグリコーゲン切断部位
① α-アミラーゼ(EC3.3.1.1)：α1-4 結合をランダムに切る．
② β-アミラーゼ(EC3.2.1.2)：α1-4 結合を 2 糖（マルトース）単位に切る．
③ グルコアミラーゼ(EC3.2.1.3)：α1-4 結合を単糖（グルコース）単位に切る．
　　　　　　　　　　　α1-6 結合（分枝部位）を切る．
④ イソアミラーゼ(EC3.2.1.68)：α1-6 結合（分枝部位）を切る．
⑤ プルラナーゼ(EC3.2.1.41)：α1-6 結合（分枝部位）を切る．

注）EC 番号
酵素は国際純正・応用化学連合－国際生化学・分子生物学連合(IUPAC-IUBMB)の審議会によって系統的に分類されており，それぞれに EC(Enzyme Commission) number が付与されている．付与される 4 つの番号のなかで第 1 番目が酵素反応の種類による分類であり 6 種類ある．1 が酸化還元酵素，2 が転移酵素，3 が加水分

解酵素，4 が加水分解によらずに分子を切り取る除去酵素，5 が異性化酵素，6 が合成酵素を表す．第 2 番目は酵素反応におけるドナーを第 3 番目はアクセプターを表す．4 番目は個々の酵素に対して番号が与えられている．

5.7. なぜ砂糖は甘いのだろうか

生体で起こっている分子認識や情報伝達の反応のポイントポイントであらわれる，分子と分子の相互作用であるが，生命に関わる分子間力をあげていくときりがないほど多い．では最後に例題を出して終了しよう．

「なぜ砂糖は甘いのだろうか？」

実はこのような質問には科学的に正確に答えることができない．そこで質問を少し変えて「なぜ砂糖を甘く感じるのだろうか？」を考えてみる．この例はたいへん身近にあるのでわかりやすいと思う．これも分子レベルで説明がつくようになったのは最近の話であり，21 世紀になってからである．

まず，甘味料にはどのようなものがあるのだろうか．砂糖を中心にした糖類，ダイエットシュガーとしてよく知られている人口甘味料の仲間，アミノ酸，甘味蛋白質などがある．分子的に甘味を説明しようと試みた最初の研究者は Schallenberger であろう．1967 年に提出した論文のなかで 2 points 仮説(AH-B セオリー)と呼ばれるモデルを提唱している．それは甘味物質を類型して求めたものであった．よく知られている甘味料 6〜7 種類について，その構造の共通点を探し求めた．甘味物質とそれを認識する相手には原子の荷電により引きあう部分と，水素結合により引き合う

部分が約2〜3Å（オングストローム）の距離にあるという事実を発見した．分子のなかに水素結合の供与体となる水素原子と水素結合の受容体となる酸素原子が共存する構造をもっていることが多いのである．さらにこの仮説は1972年に3 points仮説としてKierにより発展した．これを示せば図5-7のようになる．図に3 points説での甘味物質－受容体の結合部位を示した．水素結合と塩橋に加えて，受容体と甘味分子のX部位が疎水性領域を形成しており糖のように6位に炭化水素を有する分子によくフィッティングする．

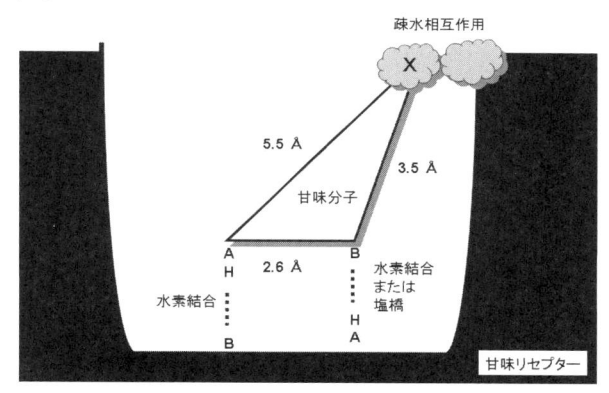

図5-7 甘味と甘味リセプターのフィッティングモデル

モデル図の白抜き（ポケット）のなかの三角形が甘味物質を表し，頂点をSchallenberger, KierらによるAH, B, X（疎水部位）の3 pointsとした．外枠は甘味物質リセプターの一部であり蛋白質のリガンド結合部位になる．水素結合をAH−Bで，水素結合および塩橋の可能性もAH−Bで表した．雲のように示したところは疎水部位によって集合している部分である．リガンド，リセプターの

第 5 章　分子認識化学へ

両者が疎水性部位(X)をもっている．その後もっと接点があるという論文なども出た．

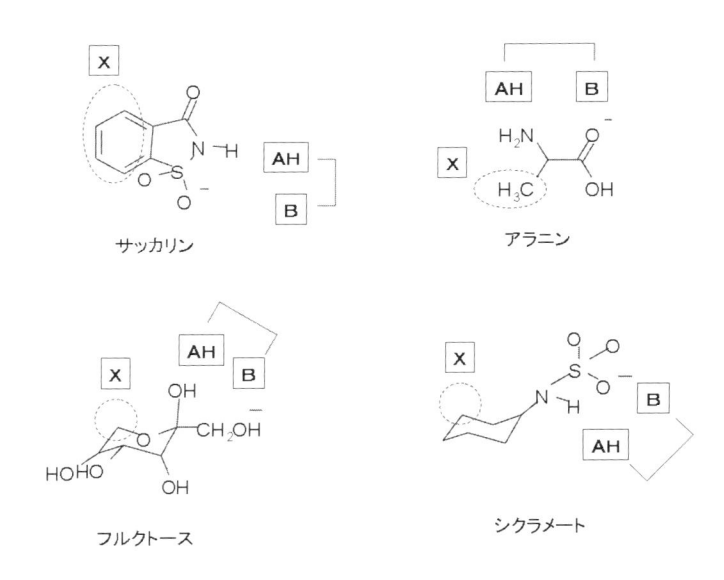

図 5-8　甘味料の構造と A-H B & X セオリー
AH：水素結合供与体水素原子．B：水素結合受容体酸素原子または塩橋部位．囲み：分子内疎水領域．

図 5-8 は甘味料の構造と A-H B & X セオリーの関係を示し，水素結合供与体水素が AH 結合，水素結合受容体酸素原子または塩橋となる酸素原子を B，疎水部位を X であらわしている．いくつかの甘味物質はこのモデルに適合する．

最近，遺伝子工学のおかげで甘味分子のみならず相手方のリセプター分子のアミノ酸配列がわかるようになり，甘味物質との結合部位（バインディングサイト）の予測が可能になった．刺激の

伝わり方も詳細にわかってきた．最近の結論において，数十年修正を加えられて発展してきた説に新しく加わった知見は，リセプター蛋白質が 2 種類のサブユニット T1R2 と T1R3 から構成されていた点であり，さらにリセプターには味覚物質がフィッティングする分子部位が 1 ヶ所ではなく 3 ヶ所あるという点である．図 5-9 に概略を示したが，リセプターには甘味物質に刺激される立体部位が少なくとも 3 ヶ所ある．

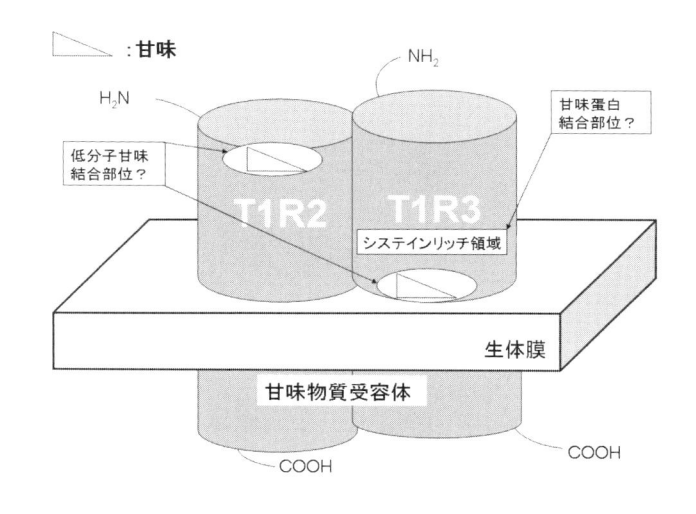

図 5-9　甘味リセプター想像図

3 ヶ所のバインディングサイトのうち 2 ヶ所は Schallenberger, Kier らの予想があたっていた．甘味物質がフィットする場所は，人工甘味料のアスパルテームとネオテームでは T1R2 のアミノ末端部位に，甘味料のシクラメート，競争的に甘味を阻害するラク

チゾールでは T1R3 の膜貫通ドメインにある．この 2 ヶ所の部位は Schallenberger らが予想したとおり塩橋，水素結合，疎水部位の 3 つの相互作用によってリセプターを刺激するようである．他の 1 ヶ所は蛋白性の甘味物質のブラゼインが刺激するシステインリッチ領域（T1R3 の中間に位置する部位）であり，システインリッチ部位は 3 point 機構とは異なる．活性の構造相関までわかると，いままでの疑問が解ける．それは甘味物質の構造の差異についてである．つまりペプチド性分子と低分子性で構造がかなり違っていた．これも刺激部位が異なるということで説明がつく．蛋白性の甘味物質のブラゼインはシステイン－リッチ領域（T1R3）を刺激している．一方，低分子の甘味はリセプター部位 2/3 ヶ所において 3 points（水素結合，塩橋，疎水部）モデルの相当部位に結合する．筆者が Cui らの論文を基に予想したところ，甘味受容体の膜貫通ドメインでの個々のアミノ酸とリガンドの相互作用は図 5-10 のようになる．

図 5-10 のように，His641 が塩橋にかかわり，Arg723 が甘味物質との水素結合を形成，Phe778, Leu782, Leu644 などが甘味物質と疎水的な領域形成をしているとされる．たしかにリセプター T1R3+T2R3 の甘味料結合部位の 3 ヶ所のうち 2 ヶ所は Schallenberger, Kier らが予測したとおり 3 点で形成されていた．

甘味物質がリセプターにフィットした後，甘味情報の伝達は分子反応の連続によって生じる．甘味リセプターは G 蛋白質共役型受容体（C 型）の一種であり，甘いという感覚はレセプターから G 蛋白質へ，そこからセカンドメッセンジャーのリン酸化が生じる．これが，細胞内のゴルジ体から神経伝達物質の放出をうながす．神経伝達物質は神経後膜のリセプターにトラップされて，神経では脱分極の電位変化を生じ，信号が大脳まで運ばれる．このよう

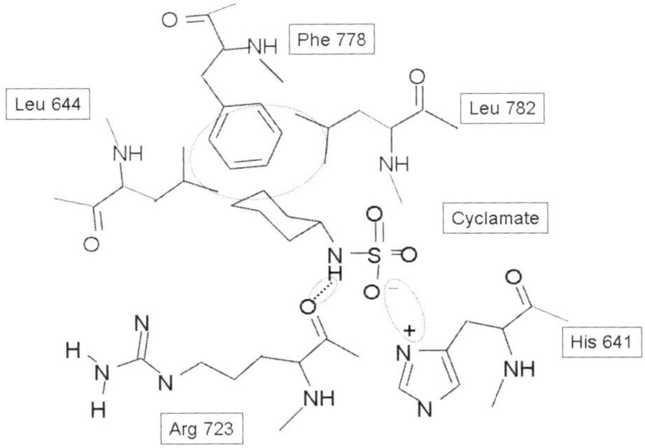

図 5-10　人口甘味料シクラメートとリセプターとのフィッティング二次元予想図.
Cui, M et al. (2006) Curr. Parm. Sci. 12: 4591-4600. を参考にして作図.
大きな丸枠は疎水領域，＋－は塩橋，・・・・は水素結合を表す.

な分子反応のカスケードがわかってきた．最終的に，甘味の味覚情報は延髄の孤束核を通って体性感覚皮質という脳の外側の部分までつたわる．そして脳内で甘いという多幸感にかわる．多くの状況において，ほとんどの人は甘味によって満たされた気持ちになる．脳はさらに「もう食べるのをやめるのか」あるいは「もっと食べるのか」の判断をする．それに適した信号が脳から発信されて末端の筋肉まで届くことになる．

　5 章では例題を含めて生体の活動の多くが分子どうしの会合を基にしていることを説明してきた．甘い，酸っぱいというようなかつては主観の問題とされた「感性の領域」も説明できる時代が来たと言える．

第5章　分子認識化学へ

＊　　＊　　＊　　＊　　＊

　われわれが普段から接しているなにげない現象やできごと，水滴のかたち，食べ物がおいしいかどうか，医薬品の効き方など，また学校で習う気体の状態方程式など，様々な現象を分子間力という視点から眺めることで，一見関係ないと思っていたことが次々とつながっていくことはとても新鮮であろう．

(参考文献)
- 萬年甫著,『脳の探求者ラモニ・カハール』中公新書 (1991)
- 後藤秀機著,『神経と化学伝達（UP バイオロジー）』東京大学出版会 (1988)
- 日本化学学会編,『化学総説 No.40 味とにおいの分子認識』 学会出版センター (1999)
- 日本味と匂学会編,『味のなんでも小事典』講談社ブルーバックス (2004)
- 都甲潔著,『感性の起源』中公新書 (2004)
- 重村憲司, 大栗弾宏, 實松敬介, 二ノ宮裕三共著,『味覚センサーの分子進化と多様性』細胞工学 26, 890-893 (2007)
- 稲田仁, 富永真琴共著,『温度・辛み・酸味センサー：TRP チャネルの多様性』細胞工学 26, 878-882 (2007)
- 栗原堅三著,『味覚の分子生理学』in 内川恵二．近江政雄（編）感覚・知覚の科学『味覚・嗅覚』pp. 1-19 朝倉書店 (2008)
- Sakurai T., Nakagawa T., Mitsuno H., Mori H., Endo Y., Tanoue S., Yasukouchi Y., Touhara K., & Nishioka T. "Identification and functional characterization of a sex pheromone receptor in the silkmoth *Bombyx mori* ". Proc. Natl. Academic. Sci. USA 10: 16653-16658. (2004)
- Nakagawa T., Sakurai T., Nishioka T., & Touhara K. "Insect sex-pheromone signals mediated by specific combinations of olfactory receptors ". Science 307: 1638-1642. (2005)
- 小宮山真, 荒木孝二共著,『分子認識と生体機能』朝倉書店 (1989)

- Schallenberger R.S. & Acree T.E. "Molecular theory of sweet taste ". Nature; 216:480-482. (1967)
- Kier L.B. "A molecular theory of sweet taste ". J Pharm. Sci. 61(9): 1394-1397. (1972)
- Meng Cui, et al. "The heterodimeric sweet taste receptor has multiple potential ligand binding sites ". Curr. Parm. Sci. 12: 4591-4600. (2006)
- フロイド・E・ブルーム著, 中村克樹. 久保田競監訳, 『脳の探検(上)(下)』講談社ブルーバックス (2004)
- E. シュレーディンガー著, 『生命とはなにか』岩波文庫 (2008)

付録

　本文では表面張力や非理想気体の現象が分子間力を思い起こさせた歴史を長々と述べてきた．では，具体的に分子間力を設定することで表面張力や非理想気体の状態方程式が出せるのであろうか．付録では非理想気体の状態方程式が分子間力のモデルを用いて導けることを示す．アルゴンなどの単原子気体がこのモデルに相当する．

　付録 A では結論となるファン・デル・ワールスの方程式をあらかじめ変形してビリアル展開する．ここへ具体的に距離の 6 乗に反比例する分子間力ポテンシャルを想定することで，ファン・デル・ワールスの式の係数 a, b を求めることができることを示す．ただしこのとき分子間力の項の係数 $B(T)$ は既知とした．

　付録 B では A において既知とした係数 $B(T)$ の 2 体間のポテンシャルによる表現が理想気体と非理想気体のヘルムホルツの自由エネルギーを比較することで導くことができることを示す．

　付録 C では実際の実験で求めることができるデータが非理想気体の臨界温度およびそのときの体積・圧力であることから，臨界温度とファン・デル・ワールスの式の係数 a, b の関係を導く．

付録A　ファン・デル・ワールスの式のビリアル展開と係数 a, b を求める.

本文で説明したファン・デル・ワールスの式を変形して分子間力を顕在化する．これにはビリアル展開が有効である．本文にて紹介したファン・デル・ワールスの式は

$$\left(P + \frac{n^2 a}{V^2}\right)(V - nb) = nRT$$

付録ではこれ以降の計算を簡単にするために次のように変形する．両辺をモル数 n で割り

$$\left(P + \frac{a}{(V/n)^2}\right)\left[\left(\frac{V}{n}\right) - b\right] = RT$$

気体 1mol が占める体積は $\frac{V}{n}$ であり，これをモル体積 $\overline{V}$ によってあらわせば

$$\left(P + \frac{a}{\overline{V}^2}\right)(\overline{V} - b) = RT$$

ボルツマン定数は $k_B = \frac{R}{L}$ （L はアボガドロ数）となるので

$$\left(P + \frac{a}{\overline{V}^2}\right)(\overline{V} - b) = L k_B T$$

両辺をモル体積の $\overline{V}$ で割れば

$$\left(P + \frac{a}{\overline{V}^2}\right)\left(1 - b\big/\overline{V}\right) = \frac{Lk_BT}{\overline{V}}$$

$$P = \frac{Lk_BT}{\overline{V}} \frac{1}{\left(1 - b\big/\overline{V}\right)} - \frac{a}{\overline{V}^2}$$

ここで $x = \dfrac{b}{\overline{V}}$ とする

$$P = \frac{Lk_BT}{\overline{V}} \frac{1}{(1-x)} - \frac{a}{\overline{V}^2}$$

$\dfrac{1}{1-x} = 1 + x + x^2 + x^3 + \cdots$ となることは

$$\left(1 + x + x^2 + x^3 + \cdots\right) - x\left(1 + x + x^2 + x^3 + \cdots\right) = 1$$

であることからわかるので，これを圧力 P に代入すれば

$$P = \frac{Lk_BT}{\overline{V}}\left(1 + x + x^2 + \cdots\right) - \frac{a}{\overline{V}^2}$$

$$= \frac{Lk_BT}{\overline{V}} + \frac{(bLk_BT - a)}{\overline{V}^2} + \frac{b^2 Lk_BT}{\overline{V}^3} + \frac{b^3 Lk_BT}{\overline{V}^4} + \cdots$$

両辺に $\dfrac{\overline{V}}{Lk_BT}$ をかけることにより式は

$$\frac{P\overline{V}}{Lk_BT} = 1 + \left(b - \frac{a}{Lk_BT}\right)\frac{1}{\overline{V}} + b^2 \frac{1}{\overline{V}^2} + b^3 \frac{1}{\overline{V}^3} + \cdots$$

改めて

$$\frac{P\overline{V}}{Lk_BT} = 1 + B(T)\frac{1}{V} + C(T)\frac{1}{V^2} + D(T)\frac{1}{V^3} + \cdots$$

と書くことができる．ここで $B(T), C(T), D(T)$ は係数を表す．この関係式をビリアル展開とよんでいる．はじめの 1 項で近似すれば，これは理想気体の状態方程式であることは

$$\frac{P\overline{V}}{Lk_BT} = 1$$

$$\frac{P(V/n)}{RT} = 1$$

$$\therefore \quad PV = nRT$$

よりわかる．これは分子間力を考慮しない理想気体に適用できる．いま分子間の引き合う力を a，排除体積（斥力）を b で表したので分子間力に対応する項はビリアル展開の第 2 項になり

$$B(T) = b - \frac{a}{Lk_BT}$$

非理想気体における $B(T)$ は分子間力ポテンシャル $\phi(r)$ を用いて表すことができる．これは次の付録 B にて導出するが，

$$B(T) = -2\pi L \int_0^\infty \left(e^{-\frac{\phi(r)}{k_BT}} - 1\right) r^2 dr$$

である．ここで L はアボガドロ数，k_B はボルツマン定数．

ビリアル展開式が準備できたので本題のファン・デル・ワール

スの式における a, b について見積もる．そのために典型的な分子間力のポテンシャルの条件を設定する．分子を剛体と考えて，分子内は無限の斥力，分子間では距離の 6 乗に反比例するポテンシャル（ファン・デル・ワールス力）を考える

$$\begin{array}{l} 0 < r \leq \sigma \text{のとき} \quad \phi(r) = \infty \\ \sigma < r \text{のとき} \quad \phi(r) = -\dfrac{c}{r^6} \end{array}$$

この条件で $B(T)$ の積分を実行する

$$B(T) = -2\pi L \int_0^\sigma (-1) r^2 dr - 2\pi L \int_\sigma^\infty \left[e^{c/k_B T r^6} - 1 \right] \cdot r^2 dr$$

e^x の級数展開の $1 + x + x^2/2! + x^3/3! + \cdots$ を 2 項までとって近似すれば

$$B(T) = \frac{2\pi \sigma^3 L}{3} - \frac{2\pi L c}{k_B T} \int_\sigma^\infty \frac{r^2}{r^6} dr$$

$$= \frac{2\pi \sigma^3 L}{3} - \frac{2\pi L c}{3 k_B T \sigma^3}$$

この式をビリアル展開式の

$$B(T) = b - \frac{a}{L k_B T}$$

と比較することで

$$a = \frac{2\pi L^2 c}{3\sigma^3} \quad , \quad b = \frac{2\pi \sigma^3 L}{3}$$

をえる．

枠のように分子間力ポテンシャルをモデル化することでファン・デル・ワールスの気体の状態方程式が具体化できる．

　b の排除体積について考察すれば，σ は球体分子または原子の直径をあらわしているので

$$b = 4 \cdot \frac{4\pi}{3} \cdot \left(\frac{\sigma}{2}\right)^3 L = 4 \cdot V \cdot L$$

より，係数 b の分子排除体積は分子体積の 4 倍になることがわかる．

　一方，係数 a は枠内に設定した分子間力のポテンシャル $\phi(r) = -c/r^6$ の係数 c に比例することがわかる．

付録 B　ファン・デル・ワールスのビリアル展開式の分子間力を求める

目的

気体 2 分子の i と j に分子間力（ポテンシャル $\phi(r_{ij})$）が働いている場合を想定する．この状況の圧力を分子間力のない場合の理想気体と比較することで，付録 A にて用いた分子間力に依存する項

$$B(T) = -2\pi L \int_0^\infty \left(e^{-\frac{\phi(r_{ij})}{k_B T}} - 1 \right) r^2 dr$$

を求める．

方針

分子間力が顕在化させるためには理想気体と非理想気体の状態方程式の比較を行えばよい．気体の圧力は熱力学の関係式からヘルムホルツの自由エネルギー A であらわせば

$$P = -\left(\frac{\partial A}{\partial V} \right)_T$$

である．必要になるのは分子集団のエネルギー準位 $E_1, E_2, \cdots, E_i,$ である．たとえば振動子などのように相互作用がない場合は独立にエネルギーを足し算をすればトータルのエネルギーが算出できる．N を集団の個数として

$$h\nu \cdot N_1 + 2h\nu \cdot N_2 + 3h\nu \cdot N_3 + \cdots + nh\nu \cdot N_n$$

のようにである．ところが，この計算は液体や非理想気体には適用できない．なぜなら液体の性質はその集合状態（分子間力）に依存しているからである．恒に分子集団どうしが相互作用しあっており個々の集団が独立ではないからである．この場合，分配関数 Z を用いることが有効である．統計力学の知見からヘルムホルツの自由エネルギーは分配関数 Z と

$$A = -k_B T \ln Z$$

の関係がある．

分配関数

分配関数は分子集団がエネルギー順位 $E_1, E_2, E_3, \cdots$ にあるとき

$$Z = e^{-\frac{E_1}{k_B T}} + e^{-\frac{E_2}{k_B T}} + e^{-\frac{E_3}{k_B T}} + \cdots + e^{-\frac{E_i}{k_B T}} = \Sigma e^{-\frac{E_i}{k_B T}}$$

とされる規格因子である．これは確率計算での度数を考えるとわかったような気になる．たとえば，いまクラスの身長平均値を求めるとき計算は

平均身長＝

$$\frac{\cdots 人数 \cdot 155\mathrm{cm} + 人数 \cdot 156\mathrm{cm} + \cdots + 人数 \cdot 176\mathrm{cm} + 人数 \cdot 177\mathrm{cm} + \cdots}{クラス全員の人数}$$

とする．このような平均値を求める問題を分子がもつエネルギーの平均値を計算する場合に適用してみる．しばらく平均エネルギーを分配関数から求める方法を解説する．

付録

平均エネルギーと分配関数の関係

いま空間に分子が存在し,様々なエネルギー順位 $E_1, E_2, E_3, \cdots$ を有する集団を考える.特定のエネルギー E をもつ分子数の分布は

$$e^{-\frac{E}{k_B T}}$$

というボルツマン分布にしたがうことがわかっている.平均のエネルギーは,全体の分子数を N,個々のエネルギーレベル E_i にある分子数を n_i とすれば

$$\overline{E} = \frac{n_1 E_1 + n_2 E_2 + \cdots + n_i E_i}{N}$$

$$\overline{E} = \frac{n_1}{N} E_1 + \frac{n_2}{N} E_2 + \cdots + \frac{n_i}{N} E_i$$

これをボルツマン分布を用いて書き換える

$$\overline{E} = \frac{e^{-\frac{E_1}{k_B T}}}{\Sigma e^{-\frac{E_i}{k_B T}}} E_1 + \frac{e^{-\frac{E_2}{k_B T}}}{\Sigma e^{-\frac{E_i}{k_B T}}} E_2 + \cdots + \frac{e^{-\frac{E_i}{k_B T}}}{\Sigma e^{-\frac{E_i}{k_B T}}} E_i$$

$$\overline{E} = \frac{E_1 e^{-\frac{E_1}{k_B T}} + E_2 e^{-\frac{E_2}{k_B T}} + \cdots + E_i e^{-\frac{E_i}{k_B T}}}{\Sigma e^{-\frac{E_i}{k_B T}}}$$

平均エネルギーは規格因子 Z で割ることがわかる.式を変形すれば分子がもつ平均エネルギー $\overline{E}$ は

$$\overline{E} = \frac{\Sigma E_i e^{-\frac{E_i}{k_B T}}}{\Sigma e^{-\frac{E_i}{k_B T}}}$$

一方,分配関数 Z の両辺の自然対数をとる.分配関数は

$$Z = e^{-\frac{E_1}{k_B T}} + e^{-\frac{E_2}{k_B T}} + e^{-\frac{E_3}{k_B T}} + \cdots + e^{-\frac{E_i}{k_B T}} = \Sigma e^{-\frac{E_i}{k_B T}}$$

であるから

$$\ln Z = \ln \Sigma e^{-\frac{E_i}{k_B T}}$$

ここで $x = \dfrac{1}{k_B T}$ とすれば

$$\ln Z = \ln \Sigma e^{-E_i x}$$

両辺を x で微分する.

$$\frac{\partial (\ln Z)}{\partial x} = \frac{1}{Z}\frac{\partial Z}{\partial x} = -\frac{E_1 e^{-\frac{E_1}{k_B T}} + E_2 e^{-\frac{E_2}{k_B T}} + \cdots + E_i e^{-\frac{E_i}{k_B T}}}{e^{-\frac{E_1}{k_B T}} + e^{-\frac{E_2}{k_B T}} + e^{-\frac{E_3}{k_B T}} + \cdots + e^{-\frac{E_i}{k_B T}}} = -\frac{\Sigma E_i e^{-\frac{E_i}{k_B T}}}{\Sigma e^{-\frac{E_i}{k_B T}}}$$

これは平均のエネルギー $\overline{E}$ にマイナスをかけたものである.したがって分子の平均エネルギーは,分配関数 Z を用いて

$$\overline{E} = -\frac{\partial (\ln Z)}{\partial x}$$

$$\therefore \quad \overline{E} = -\frac{\partial}{\partial \left(1/k_B T\right)} \ln Z$$

となる.

分配関数を分子のエネルギーとして表す

ここでは簡単な例としてネオンやアルゴンなどの単原子気体を考える.これらは相互作用をする質点とみなせる.

系の質量が保存される場合,その系のエネルギーは運動エネルギーと位置エネルギーの和になりエネルギーは保存される.たとえば大気中に存在する粒子では

$$E = \frac{1}{2}mv^2 + mgh$$

である.これを一般化座標において考える.エネルギー関数をH(ハミルトン関数)として,pを運動量,qを位置座標とする.モル体積中の分子数をアボガドロ数Lとすれば

$$H(p,q) = \sum_{i=1}^{L} \left(\frac{p_i^2}{2m} + U(q_i) \right)$$

の関係がえられる.位置座標qはL個の分子がある場合3次元で考えるので$3L$個ある.位置エネルギー＝ポテンシャルはすべての座標の関数となる.運動エネルギーはすべての原子の独立な運動エネルギーの総和になる.

一方,分配関数は分子の数が大量の場合,積分形式に書き換えられる

$$Z = e^{-\frac{E_1}{k_B T}} + e^{-\frac{E_2}{k_B T}} + e^{-\frac{E_3}{k_B T}} + \cdots + e^{-\frac{E_i}{k_B T}} = \Sigma e^{-\frac{E_i}{k_B T}}$$

より

$$Z = \int e^{-\frac{H(p,q)}{k_B T}} d\tau$$

となる．ここで $d\tau$ は運動量と座標のすべての微分を含む．すべて書けば

$$Z = \iiint \cdots \int e^{-\frac{H}{k_B T}} dp_{x1} dp_{y1} dp_{z1} \cdots dp_{xL} dp_{yL} dp_{zL} dx_1 dy_1 dz_1 \cdots dx_L dy_L dz_L$$

である．分子の場合一個一個の見分けがつかないので

$$Z = \frac{1}{L!} \iiint \cdots \int e^{-\frac{H}{k_B T}} dp_{x1} dp_{y1} dp_{z1} \cdots dp_{xL} dp_{yL} dp_{zL} dx_1 dy_1 dz_1 \cdots dx_L dy_L dz_L$$

分子間力がある場合のヘルムホルツの自由エネルギー

分子間力を顕在化するために分子間力に依存する非理想気体(Unperfect)と分子間力を考慮しない理想気体(Perfect)を比較する．全エネルギー $H(p,q)$ における運動エネルギーの項については非理想気体および理想気は同じとみなせる．したがって以後ポテンシャルの項についてのみ議論をすすめればよいことがわかる．

上記の Z の式におけるエネルギー関数 H に運動量とポテンシャルを具体的に代入すれば

$$Z = \int e^{-\frac{\sum_{i=1}^{L}\left(\frac{p_i^2}{2m}+U(q_i)\right)}{k_B T}} d\tau$$

$$= \int e^{-\frac{\sum_{i=1}^{L}\left(\frac{p_i^2}{2m}\right)}{k_B T}} d\tau \times \int e^{-\frac{\sum_{i=1}^{L}(U(q_i))}{k_B T}} d\tau$$

したがって運動エネルギーが寄与する項を K，ポテンシャルが

付録

寄与する項を Q として

$$Z = KQ$$

理想気体と非理想気体の分配関数は

$$Z^{perfect} = K^{perfect} Q^{perfect}$$
$$Z^{unperfect} = K^{unperfect} Q$$

運動エネルギーの項については非理想気体および理想気体は同じとみなせるので K として

$$Z^{perfect} = KQ^{perfect}$$
$$Z^{unperfect} = KQ$$

Q については距離依存性の分子間ポテンシャルを $\phi(r)$ であらわせば

$$Q = \frac{1}{L!} \int e^{-\frac{\phi(r_{12})+\phi(r_{13})+\phi(r_{14})+\cdots+\phi(r_{ij})+\cdots}{k_B T}} d\tau$$

指数関数の性質から

$$Q = \frac{1}{L!} \iiint \cdots \int e^{-\frac{\phi(r)}{kT}} dx_1 dy_1 dz_1 \cdots dx_L dy_L dz_L$$

となる．いま分子間ポテンシャルがない場合つまり理想気体を考えた場合では $\phi(r) = 0$ を代入して

$$Q^{perfect} = \frac{1}{L!} \iiint \cdots \int e^0 dx_1 dy_1 dz_1 \cdots dx_L dy_L dz_L$$

$$\therefore \quad Q^{perfect} = \frac{x^L y^L z^L}{L!} \quad \text{or} \quad Q^{perfect} = \frac{\overline{V}^L}{L!}$$

となる．ここの体積はモル体積．よって

$$Z^{perfect} = K \frac{\overline{V}^L}{L!}$$

$$Z^{unperfect} = KQ$$

ヘルムホルツの自由エネルギーは分配関数から

$$A = -k_B T \ln Z$$

の関係がある．理想気体の場合，運動エネルギーの寄与 K とポテンシャルの寄与 $Q^{perfect}$ を考えればよいので理想気体のヘルムホルツの自由エネルギーは

$$A^{perfect} = -k_B T \ln K - k_B T \ln Q^{perfct}$$

一方，分子間力ポテンシャルがある非理想気体は上式の運動エネルギーに分子間ポテンシャルの項 Q を加えたものになるので，分子の相互作用がある場合のヘルムホルツの自由エネルギーは

$$A^{unperfect} = -k_B T \ln K - k_B T \ln Q$$

これを変形すれば，$A^{unperfect} = A^{un}$ として

$$\begin{aligned} A^{un} &= -k_B T \ln K - k_B T \ln Q \\ &= -k_B T \ln K - k_B T \ln Q^{perfect} + k_B T \ln Q^{perfect} - k_B T \ln Q \end{aligned}$$

ここで $A^{perfect} = -k_B T \ln K - k_B T \ln Q^{perfct}$ と $Q^{perfect} = \overline{V}^L / L!$ の関

係を代入して

$$A^{un} = A^{perfect} + k_B T \ln\left(\frac{\overline{V}^L}{L!}\right) - k_B T \ln Q$$

$$= A^{perfect} + k_B T \ln\left(\frac{\overline{V}^L}{L!}\right) - k_B T \ln\left(\frac{1}{L!} \iiint \cdots \int e^{-\frac{\phi(r)}{k_B T}} dx_1 dy_1 dz_1 \cdots dx_L dy_L dz_L\right)$$

$$= A^{perfect} + k_B T \ln \overline{V}^L - k_B T \ln\left(\iiint \cdots \int e^{-\frac{\phi(r)}{k_B T}} dx_1 dy_1 dz_1 \cdots dx_L dy_L dz_L\right)$$

$$= A^{perfect} - k_B T \ln\left(\frac{1}{\overline{V}^L} \iiint \cdots \int e^{-\frac{\phi(r)}{k_B T}} dx_1 dy_1 dz_1 \cdots dx_L dy_L dz_L\right)$$

上式の計算のために積分項の内容に1を加えて1を引く．また積分項に $dxdydz = d\overline{V}$ の関係を用いる

$$A^{un} = A^{perfect} - k_B T \ln\left\{\frac{1}{\overline{V}^L} \iiint \cdots \int \left(e^{-\frac{\phi(r)}{k_B T}} - 1 + 1\right) d\overline{V}_1 d\overline{V}_2 \cdots d\overline{V}_L\right\}$$

$$= A^{perfect} - k_B T \ln\left\{\frac{1}{\overline{V}^L} \iiint \cdots \int \left(e^{-\frac{\phi(r)}{k_B T}} - 1\right) d\overline{V}_1 d\overline{V}_2 \cdots d\overline{V}_L + 1\right\}$$

ここで $A^{perfect}$ は理想（完全）気体のヘルムホルツの自由エネルギーをあらわす．

次に分子間力のポテンシャルの具体的な計算に入る．いまアルゴン原子のような気体分子は小さいので質点（大きさがない）とみなして近似する．また3体間の影響はわずかであるとして分子どうし2体間 (i,j) の相互作用の和をとる．2体間では分子（原子）の番号をつけて図の組み合わせができるので，相互作用をする分子の組み合わせは図のようになる．

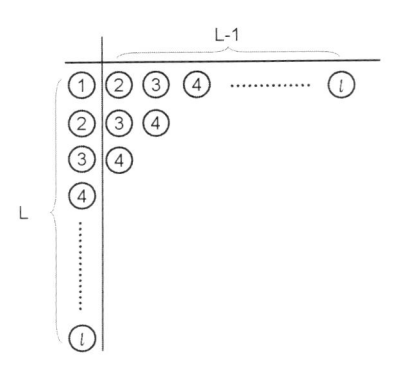

分子は L 個あるので

$$\frac{L(L-1)}{2}$$

通りの組み合わせになる．いま L は非常に大きい数なので $L(L-1)$ は L^2 として近似できる．2分子の組み合わせの数は

$$\frac{L^2}{2}$$

A^{un} を2分子 (i,j) に代表させるとき $\phi(r) \to \phi(r_{ij})$ となる

$$A^{un} = A^{perfect} - k_B T \ln\left\{ \frac{1}{\overline{V}^L} \frac{L^2}{2} \iiint \cdots \int \left(e^{-\frac{\phi(r_{ij})}{k_B T}} - 1 \right) d\overline{V}_1 d\overline{V}_2 \cdots d\overline{V}_L + 1 \right\}$$

$$= A^{perfect} - k_B T \ln\left\{ \frac{L^2}{2\overline{V}^L} \iiint \cdots \int \left(e^{-\frac{\phi(r_{ij})}{k_B T}} - 1 \right) d\overline{V}_1 d\overline{V}_2 \cdots d\overline{V}_L + 1 \right\}$$

付録

i 分子と j 分子の 2 体間のポテンシャルを $\phi(r_{ij})$ とした，これは積分した場合定数となるはずであり定数 C として

$$C = \iint \left(e^{-\frac{\phi(r_{ij})}{k_B T}} - 1 \right) d\overline{V}_i d\overline{V}_j$$

分子間力を分子 i, j に代表させた定数 C で表せば

$A^{un} =$
$A^{perfect} - k_B T \ln \left\{ \dfrac{1}{\overline{V}^L} \dfrac{L^2}{2} \iiint \cdots \int \left(e^{-\frac{\phi(r_{ij})}{k_B T}} - 1 \right) d\overline{V}_1 d\overline{V}_2 \cdots d\overline{V}_i \cdots d\overline{V}_j \cdots d\overline{V}_L + 1 \right\}$

$= A^{perfect} - k_B T \ln \left\{ \dfrac{L^2}{2\overline{V}^L} C \iiint \cdots \int d\overline{V}_1 d\overline{V}_2 \cdots d\overline{V}_{i-1} \cdots d\overline{V}_{j-1} \cdots d\overline{V}_L + 1 \right\}$

A^{un} のポテンシャル項を 2 分子に代表させる場合は分子 2 個以外の空間によって積分した因子に $\overline{V}^{L-2}$ をかける必要があるので

$A^{un} = A^{perfect} - k_B T \ln \left\{ \dfrac{L^2}{2\overline{V}^L} C \iiint \cdots \int d\overline{V}_1 d\overline{V}_2 \cdots d\overline{V}_{i-1} \cdots d\overline{V}_{j-1} \cdots d\overline{V}_L + 1 \right\}$

$= A^{perfect} - k_B T \ln \left\{ \dfrac{L^2}{2\overline{V}^L} \overline{V}^{L-2} C + 1 \right\}$

定数 C をもとに戻して

$$A^{un} = A^{perfect} - k_B T \ln \left\{ \dfrac{L^2}{2\overline{V}^2} \iint \left(e^{-\frac{\phi(r_{ij})}{k_B T}} - 1 \right) d\overline{V}_i d\overline{V}_j + 1 \right\}$$

ここで Taylor 展開の公式

$$f(a+x) = f(a) + f'(a)x + \frac{1}{2}f''(a)x^2 + \cdots$$

において関数 f を対数関数 $\ln$, $a=1$ として

$$\ln(1+x) = \ln 1 + \frac{1}{1}x - \frac{1}{2}x^2 + \frac{1}{3}x^3 - \cdots$$

$$= x - \frac{x^2}{2} + \frac{x^3}{3} - \cdots$$

$x \ll 1$ のときこれは

$$\ln(1+x) \approx x$$

これを A^{un} に適用すれば

$$A^{un} = A^{perfect} - k_B T \ln\left\{ \frac{L^2}{2\overline{V}^2} \int \left(e^{-\frac{\phi(r_{ij})}{k_B T}} - 1 \right) d\overline{V}_i d\overline{V}_j + 1 \right\}$$

$$= A^{perfect} - \frac{k_B T L^2}{2\overline{V}^2} \iint \left(e^{-\frac{\phi(r_{ij})}{k_B T}} - 1 \right) d\overline{V}_i d\overline{V}_j \qquad \text{(B-1)}$$

積分の実行

積分の項から変数変換により $\overline{V}$ の項がつぎのようにして出てくることを示す．まず，積分項の括弧内を成分に書き換える．$i \to 1, j \to 2$ に代表させると

$$\iint \left(e^{-\frac{\phi(r_{ij})}{k_B T}} - 1 \right) d\overline{V}_i d\overline{V}_j = \iint f(r_{12}) d\overline{V}_1 d\overline{V}_2$$

$$= \iiint \iiint \int_{-\infty}^{+\infty} f\left(\sqrt{(x_2-x_1)^2 + (y_2-y_1)^2 + (z_2-z_1)^2} \right) dx_1 dy_1 dz_1 dx_2 dy_2 dz_2$$

付録

この積分を変数変換によって行う．まず，引き算（相対座標）は距離に置き換えることができるので

$$x_{12} = x_2 - x_1, \qquad y_{12} = y_2 - y_1, \qquad z_{12} = z_2 - z_1$$

微分して

$$\frac{\partial x_{12}}{\partial x_2} = 1, \quad \frac{\partial y_{12}}{\partial y_2} = 1, \quad \frac{\partial z_{12}}{\partial z_2} = 1$$

$$\frac{\partial x_{12}}{\partial x_1} = -1, \quad \frac{\partial y_{12}}{\partial y_1} = -1, \quad \frac{\partial z_{12}}{\partial z_1} = -1$$

次に重心の座標について

$$X = \frac{x_1 + x_2}{2}, \qquad Y = \frac{y_1 + y_2}{2}, \qquad Z = \frac{z_1 + z_2}{2}$$

微分して

$$\frac{\partial X}{\partial x_1} = \frac{1}{2}, \quad \frac{\partial Y}{\partial y_1} = \frac{1}{2}, \quad \frac{\partial Z}{\partial z_1} = \frac{1}{2}$$

$$\frac{\partial X}{\partial x_2} = \frac{1}{2}, \quad \frac{\partial Y}{\partial y_2} = \frac{1}{2}, \quad \frac{\partial Z}{\partial z_2} = \frac{1}{2}$$

積分変数の変換を行うと

$$dx_{12} dX = \begin{vmatrix} \dfrac{\partial x_{12}}{\partial x_1} & \dfrac{\partial X}{\partial x_1} \\ \dfrac{\partial x_{12}}{\partial x_2} & \dfrac{\partial X}{\partial x_2} \end{vmatrix} dx_1 dx_2 = dx_1 dx_2,$$

$$dy_{12} dY = \begin{vmatrix} \dfrac{\partial y_{12}}{\partial y_1} & \dfrac{\partial Y}{\partial y_1} \\ \dfrac{\partial y_{12}}{\partial y_2} & \dfrac{\partial Y}{\partial y_2} \end{vmatrix} dy_1 dy_2 = dy_1 dy_2,$$

$$dz_{12}dZ = \begin{vmatrix} \dfrac{\partial z_{12}}{\partial z_1} & \dfrac{\partial Z}{\partial z_1} \\ \dfrac{\partial z_{12}}{\partial z_2} & \dfrac{\partial Z}{\partial z_2} \end{vmatrix} dz_1 dz_2 = dz_1 dz_2$$

したがって，2 体間の関数の積分は

$$\iint f(r_{12})d\overline{V}_1 d\overline{V}_2$$
$$= \iiint\iiint_{-\infty}^{+\infty} f\left(\sqrt{(x_2-x_1)^2+(y_2-y_1)^2+(z_2-z_1)^2}\right) dx_1 dy_1 dz_1 dx_2 dy_2 dz_2$$
$$= \iiint\iiint_{-\infty}^{+\infty} f\left(\sqrt{(x_2-x_1)^2+(y_2-y_1)^2+(z_2-z_1)^2}\right) dx_{12} dy_{12} dz_{12} dXdYdZ$$
$$= \iint\int_{-\infty}^{+\infty} dXdYdZ \iint\int_{-\infty}^{+\infty} f\left(\sqrt{(x_2-x_1)^2+(y_2-y_1)^2+(z_2-z_1)^2}\right) dx_{12} dy_{12} dz_{12}$$

重心に関する積分が体積 $\overline{V}$ となるので，この積分は

$$\iint f(r_{12})d\overline{V}_1 d\overline{V}_2$$
$$= \overline{V} \iint\int_{-\infty}^{+\infty} f\left(\sqrt{(x_2-x_1)^2+(y_2-y_1)^2+(z_2-z_1)^2}\right) dx_{12} dy_{12} dz_{12}$$

$dx_{12}dy_{12}dz_{12} = d\overline{V}_{12}$ から

$$\iint f(r_{12})d\overline{V}_1 d\overline{V}_2 = \overline{V}\int_{-\infty}^{+\infty} f(r_{12})d\overline{V}_{12}$$

この積分結果を元の非理想気体のヘルムホルツの自由エネルギー式(B-1)に戻す．ここでサフィックスの 1,2 を省略して

$$A^{un} = A^{perfect} - \frac{k_B T L^2}{2\overline{V}^2} \overline{V} \int \left(e^{-\frac{\phi(r)}{k_B T}} - 1 \right) d\overline{V}$$

付録

一方球の体積の公式より

$$\overline{V} = \frac{4}{3}\pi r^3$$

両辺を r で微分して

$$d\overline{V} = 4\pi r^2 dr$$

非理想気体のヘルムホルツの自由エネルギー A^{un} 式内の積分は

$$\int \left(e^{-\frac{\phi(r)}{k_B T}} - 1 \right) d\overline{V} = (4\pi) \int_0^\infty \left(e^{-\frac{\phi(r)}{k_B T}} - 1 \right) r^2 dr$$

あらためて非理想気体のヘルムホルツの自由エネルギー A^{un} は

$$\begin{aligned} A^{un} &= A^{perfect} - \frac{k_B T L^2}{2\overline{V}} \int \left(e^{-\frac{\phi(r)}{k_B T}} - 1 \right) d\overline{V} \\ &= A^{perfect} + \frac{k_B T L^2}{\overline{V}} 2\pi \int_0^\infty \left(1 - e^{-\frac{\phi(r)}{k_B T}} \right) r^2 dr \end{aligned}$$

となる．これは

$$A^{un} = A^{perfect} + \frac{L k_B T}{\overline{V}} B(T)$$

とおくことができる．このとき $B(T)$ は

$$B(T) = -2\pi L \int_0^\infty \left(e^{-\frac{\phi(r)}{k_B T}} - 1 \right) r^2 dr$$

である．

理想気体と非理想気体の比較

圧力とヘルムホルツの自由エネルギーの関係から

$$P = -\left(\frac{\partial A}{\partial V}\right)_T$$

なので，非理想気体（＝分子間力を考慮した気体）の自由エネルギー A^{un} の微分をとりマイナスをかければ

$$-\frac{\partial}{\partial \overline{V}}\left(A^{un}\right) = -\frac{\partial}{\partial \overline{V}}\left(A^{perfect} + \frac{Lk_BT}{\overline{V}}B(T)\right)$$

$$= -\frac{\partial}{\partial \overline{V}}\left(A^{perfect}\right) - \frac{\partial}{\partial \overline{V}}\left(\frac{Lk_BT}{\overline{V}}B(T)\right)$$

$$= -\frac{\partial}{\partial \overline{V}}\left(A^{perfect}\right) + \frac{Lk_BT}{\overline{V}^2}B(T)$$

圧力に書き換えて

$$P^{un} = P^{perfect} + \frac{Lk_BT}{\overline{V}^2}B(T)$$

いま，理想気体の状態方程式は

$$P^{perfect} = \frac{Lk_BT}{\overline{V}}$$

なので，非理想気体の圧力は

$$P^{un} = \frac{Lk_BT}{\overline{V}} + \frac{Lk_BT}{\overline{V}^2}B(T)$$

P^{un} を P にあらためて

$$\frac{P\overline{V}}{Lk_BT} = 1 + B(T)\frac{1}{\overline{V}}$$

これは付録 A においてファン・デル・ワールスの式をビリアル展開した非理想気体の方程式

$$\frac{P\bar{V}}{Lk_BT} = 1 + B(T)\frac{1}{\bar{V}} + C(T)\frac{1}{\bar{V}^2} + D(T)\frac{1}{\bar{V}^3} + \cdots$$

における 2 次の項までの近似に相当する．したがって，アルゴンやネオンに代表される質点とみなせる気体において 2 分子間の分子間力ポテンシャル $\phi(r)$ を設定することからビリアル展開したファン・デル・ワールス式の 2 次の近似式（分子間力を考慮した式）がえられた．したがって

$$B(T) = -2\pi L \int_0^\infty \left(e^{\frac{\phi(r)}{k_BT}} - 1 \right) r^2 dr$$

が分子間力に相当する．これは付録 A において用いた分子間力を表す式である．

付録 C　ファン・デル・ワールスの式から臨界温度を求める．

　ファン・デル・ワールスの式はある温度以下では気体と液体が共存していることを示していた．それは図では水平になる部分である．温度が上昇するにしたがってある温度以上になるとそのような状況は消失し気体（気相）と液体の区別はなくなる．この温度は臨界温度として定義される．グラフにおいて方程式の変曲点に相当するので，ファン・デル・ワールスの式から求めることができる．臨界温度 T_c としてファン・デル・ワールスの方程式は

$$\left(P + \frac{a}{\left(\overline{V}\right)^2}\right)\left(\overline{V} - b\right) = RT_c$$

となる，ここで計算のために

$$P \to y, \quad \overline{V} \to x$$

とすれば方程式は

$$y = \frac{RT_c}{x-b} - \frac{a}{x^2} \tag{C-1}$$

微分積分の知識から変曲点とは一次導関数および二次導関数が共に 0 となるポイントであるから，

付録

$$\frac{\partial y}{\partial x} = 0$$

$$\frac{\partial^2 y}{\partial x^2} = 0$$

これらを実行すれば

$$-\frac{RT_c}{(x-b)^2} + \frac{2a}{x^3} = 0 \qquad \text{(C-2)}$$

$$\frac{2RT_c}{(x-b)^3} - \frac{6a}{x^4} = 0 \qquad \text{(C-3)}$$

方針として臨界温度は(C-1), (C-2), (C-3) の連立方程式を解くことで求められる.

(C-2)式に x^3, (C-3)式に x^4 をかけることで

$$-\frac{3RT_c x^3}{(x-b)^2} + 6a = 0$$

$$\frac{2RT_c x^4}{(x-b)^3} - 6a = 0$$

の2式をえる. ここで辺々を加えて

$$-\frac{3RT_c x^3}{(x-b)^2} + \frac{2RT_c x^4}{(x-b)^3} = 0$$

両辺に $(x-b)^3$ をかけて

$$-3RT_c(x-b) + 2RT_c x = 0$$

したがって

$$-3(x-b)+2x=0$$

$$\therefore \quad x = 3b$$

これを(C-2)式に代入して

$$-\frac{RT_c}{4b^2}+\frac{2a}{27b^3}=0$$

$$\therefore \quad \frac{RT_c}{4}=\frac{2a}{27b}$$

よって臨界温度として

$$T_c = \frac{8a}{27bR}$$

をえる．臨界温度における気体の圧力 P_c，モル体積 $\overline{V_c}$ についても a,b により

$$P_c = \frac{a}{27b^2}, \quad \overline{V_c} = 3b$$

として求められる．実際の気体について測定できるのは臨界定数である圧力 P_c，体積 $\overline{V_c}$，臨界温度 T_c である．これらから分子間力 a，排除体積 b，のファン・デル・ワールス定数を見積もることができる．

（参考文献）
- エリ・ランダウ，イェー・リフシッツ共著 小林秋男訳 『統計物理学』岩波書店 (1974)
- 千原秀昭，江口太郎，齋藤一弥共訳,『マカーリ・サイモン 物理化学（上）（下）』東京化学同人 (2000)
- 中村伝著,『物理テキストシリーズ10 統計力学』岩波書店 (1967)

付録

- 寺沢寛一著,『自然科学者のための 数学概論 増訂版』岩波書店 (1954)

索引

あ行

イオン結合 83
イオンチャネル 111
引力 24, 68, 81, 91
うま味 113
エールリヒ 17, 108
エリオット 108
塩基対 100
温度 54

か行

回転効果 86
解離定数 100
鍵と鍵穴 16
核酸 102
活動電位 106
カハール 107
過分極 106
辛い 113
甘味 113
基質 121
逆2乗の法則 78
嗅覚 113
凝縮仕事 41
距離 86
距離依存性 32, 92
クーロン 78

クーロンの法則 78
クリック 100
クレロー 27
Keesom 力 84
ゲー・リュサック 51
酵素 16, 121
ゴルジ 107

さ行

サルバルサン 18
酸味 113
塩味 113
G 蛋白質共役型受容体 111
視覚 113
質量作用の法則 97
シャルル 51
重力 14, 25, 75
シュレーディンガー 101
触覚 113
神経伝達物質 109
親水性 117
親和力 12
水銀柱 25, 49
水素結合 83, 96, 102, 104
Schallenberger 123
スピン 86
正弦定理 37, 39
斥力 25, 81, 91

接触角　14
絶対温度　54
選択的毒性　15
セントラルドグマ　103
双極子　86, 87
相互作用　123
疎水性　117
疎水領域　83, 84

た行

体性感覚　114
脱分極　106
聴覚　113
強い力　75
テイラー展開　26
デール　108
Debye 力　84
電荷　86
電荷移動効果　89
電荷のゆらぎ　86
電磁気力　74, 75
特異性　17
特効薬　14
ドルトンの分圧の法則　56

な行

内部圧　45
苦味　113
ニュートン　22

は行

排除体積　66, 136
パウリ効果　89
秦佐八郎　18
反応速度論　97
標的分子　16
表面（界面）エネルギー　11
表面張力　9, 34, 36
非理想気体の
　状態方程式　131
ファーブル　117
ファン・デル・ワールス　64
ファン・デル・
　ワールス力　83, 84
ファン・デル・ワールスの
　状態方程式　69, 131
ブーテナント　118
フェロモン　117
付着仕事　43
分極　86
分極誘導　89
分子間力　9
分子間力の大きさ　93
分配関数　137
平衡感覚　113
ベルヌーイ　56
ヘルムホルツの
　自由エネルギー　137
ボイル　25
ボイル・シャルルの法則　49

索引

ボイルの法則　60
ボスコヴィッチ　31
ボルツマン定数　63, 92, 132

ま行

マクロ　14, 74, 76
味覚　113
ミクロ　14, 74, 76
味蕾〔みらい〕　114
免疫　15
毛管（毛細管）現象　10, 22, 45
毛細管　27, 28

や行

ヤング　32
Young-Dupre の式　41, 44
誘導分極　86
4つの力　75
弱い力　75

ら行

ラプラス　45
リガンド　109, 113
リセプター　109, 113
理想気体の状態方程式　55
粒子間力　22
臨界温度　71, 153
Lennard-Jones 式　91
レーヴィー（ローイ）　108
レクチン　100

London 力　84
ロンドンの分散力　88

わ

ワトソン　19, 100

著者：岡村　和夫（おかむら　かずお）

　1956 年山口県に生まれる．埼玉大学理工学部生化学科卒業後，岡山大学大学院・九州大学大学院に進学．理学博士．日本学術振興会奨励研究員，国立精神・神経センター流動研究員（ポスドク）を経て，1988 年生化学工業㈱入社．同社より 2002 年セントルイス大学 Pediatric Research Institute へ長期出張．現在，中央研究所勤務．

　著書：『抗体科学入門（改訂版）』（工学社）．ウエブサイト：「抗体科学研究所」；http://www.h5.dion.ne.jp/～antibody/

＊＊＊＊＊バウンダリー叢書＊＊＊＊＊

分子間力物語

2010 年　2 月 15 日　第 1 刷発行

発行所：㈱海鳴社　　http://www.kaimeisha.com/
　〒東京都千代田区西神田 2 − 4 − 6
　　Tel：03-3262-1967　Fax：03-3234-3643
　　E メール：kaimei@d8.dion.ne.jp
　　振替口座：00190-3-31709

JPCA

編　　集：村上　雅人
発 行 人：辻　　信行
組　　版：海　鳴　社
印刷・製本：モリモト印刷

本書は日本出版著作権協会 (JPCA) が委託管理する著作物です．本書の無断複写などは著作権法上での例外を除き禁じられています．複写（コピー）・複製，その他著作物の利用については事前に日本出版著作権協会（電話 03-3812-9424，e-mail:info@e-jpca.com）の許諾を得てください．

出版社コード：1097　　　　　　　　　© 2010 in Japan by Kaimeisha
ISBN 978-4-87525-265-8　　落丁・乱丁本はお買い上げの書店でお取替えください

***********バウンダリー叢書***********

さあ数学をはじめよう　<87525-260-3>

　村上雅人／もしこの世に数学がなかったら？　こんなとんちんかんな仮定から出発した社会は、さあ大変！　時計はめちゃくちゃ、列車はいつ来るかわからない…ユニークな数学入門。　　1400円

オリンピック返上と満州事変　<87525-261-0>

　梶原英之／満州事変、満州国建国、2.26事件と、動乱の昭和に平和を模索する動き——その奮闘と挫折の外交秘史。嘉納治五郎・杉村陽太郎・広田弘毅らの必死の闘いを紹介。　　1600円

合気解明　フォースを追い求めた空手家の記録

　炭粉良三／合気に否定的だった一人の空手家が、その後、合気の実在を身をもって知ることになる。不可思議な合気の現象を空手家の視点から解き明かした意欲作！　1400円　　<87525-264-1>

分子間力物語　<87525-265-8>

　岡村和夫／生体防御機構で重要な役目をする抗体、それは自己にはない様々な高分子を見分けて分子複合体を形成する。これはじつは日常に遍在する分子間力の問題であったのだ！　　1400円

***********〈本体価格〉***********